跟我學
Excel
公式與函數商務應用

序 PREFACE

目前使用 Excel 的人已經非常多，甚至只要有個人電腦、帶著智慧型手機，就會有人開啟 Excel 處理工作。在這麼多使用族群之中，有許多前輩可能會熱心地將使用技能，傳授給想學習使用 Excel 的朋友；在進行經驗傳承時，往往總會帶上一句：「學 Excel 不用買書啦！多做一下就會了。」、「網路上咕一下全部都有了。」

嗯！聽起來似乎有幾分道理，真心要學會 Excel 確實很快就可以上手。但是隔不了多久，有些人就會發現怎麼自己所做的 Excel 試算表，有許多計算值不對、有許多工作不知該如何下手？也不知在 Excel 試算表中如何運作？好吧，那就再去請教、請教這些前輩們。哇！怎麼得到的答案不外乎都是說：「我們也不知道耶！」、「您的問題敘述不清楚，無法回覆！」因此，本書特別將許多使用 Excel 試算表應該知道，也是必須知道的重要觀念整理，提供您工作上的參考，期望夥伴們在使用 Excel 時更加順手，大大提升工作效率！

此書能夠順利地如期完成，要特別感謝劉緻儀小姐協同編著，並細心耐心地完成排版作業！任何一本書籍能夠順利上架，圖書公司扮演了很重要的角色，在此感謝碁峰資訊 廖總經理所帶領的帥哥、美女群，從不嫌棄且不斷鼓勵我、鞭策我，讓我還能繼續寫作。雖然過去輕輕鬆鬆邁入萬本銷量，現在辛辛苦苦才能再刷，但內心依然充滿幸福；如果在印製與行銷作業上沒有您們的辛勞與協助，這本書就無法順利出現在讀者的面前！最後，要真誠地感謝所有的讀者，您每購買一本書，對我們都是最大的支持與鼓勵，請繼續給予鞭策與推薦，以便讓我們所編著的書籍，更能滿足您的需要！

江高舉
106 年 3 月 27 日
於台中大雅

Contents

Chapter 1

公式與函數的基本概念 ✚

1-1 認識公式與函數 1-2

1-1-1 輸入公式與函數 1-2

1-1-2 運算子的使用 1-6

1-1-3 加上資料驗證的輸入方法 1-10

1-1-4 自訂驗證公式 1-13

1-2 認識儲存格參照位址 1-18

1-2-1 參照位址的表示方式 1-18

1-2-2 使用外部參照公式 1-20

1-3 使用儲存格名稱 1-27

1-3-1 定義儲存格名稱 1-27

1-3-2 以選取範圍定義儲存格名稱 1-30

1-3-3 建立動態儲存格範圍的名稱 1-31

1-3-4 貼上儲存格名稱 1-33

Chapter 2

公式與函數的偵錯 ✚

2-1 經常出現的錯誤 2-2

2-1-1 常見的輸入錯誤 2-2

2-1-2 認識錯誤指標 2-3

2-1-3 實際數值與顯示數值 2-6

2-1-4 循環參照公式的處理 2-8

2-2 使用偵錯工具 2-11

2-2-1 評估值公式 2-11

2-2-2 錯誤檢查 2-13

2-2-3 監看視窗 2-15

2-2-4 儲存格內容與公式的稽核 2-18

Contents

✛ 文字函數集 　Chapter 3 ◀

3-1 編修字元 3-2

　3-1-1 變更資料的屬性 3-2

　3-1-2 變更英文字的大小寫 3-6

　3-1-3 合併與分割資料 3-7

　3-1-4 CHAR與CODE函數 3-13

3-2 設定貨幣格式 3-16

　3-2-1 使用公式與DOLLAR函數 3-16

　3-2-2 使用「格式>數值」功能區指令 3-17

3-3 處理字串 3-19

　3-3-1 使用TRIM函數移除儲存格中多餘的字元 3-19

　3-3-2 尋找與取代字元函數 3-20

　3-3-3 使用尋找與取代指令 3-22

　3-3-4 擷取字串中特定位置的字元 3-26

　3-3-5 擷取日期字串 3-28

✛ 日期與時間函數 　Chapter 4 ◀

4-1 輸入日期與時間的基本原則 4-2

　4-1-1 輸入日期或時間 4-2

　4-1-2 設定特別時間格式 4-4

4-2 顯示日期與時間資料 4-6

4-3 計算日期與時間 4-10

　4-3-1 計算工作日 4-10

　4-3-2 尋找特定的日子 4-12

　4-3-3 計算年齡 4-16

　4-3-4 計算時間 4-18

Contents

▶ Chapter 5

陣列公式 ✚

5-1 陣列公式的基本用法..5-2

　　5-1-1 一維（單欄或單列）陣列......................................5-2

　　5-1-2 二維（表格）陣列...5-5

5-2 陣列公式的進階用法...5-10

　　5-2-1 建立多儲存格陣列公式.......................................5-10

　　5-2-2 計算平均值..5-12

▶ Chapter 6

加總與數目函數 ✚

6-1 計算儲存格數目的基本做法...6-2

　　6-1-1 計算空白儲存格...6-2

　　6-1-2 計算不同資料類型的儲存格數目.............................6-3

6-2 計算儲存格數目的進階做法...6-5

　　6-2-1 使用COUNTIF函數...6-5

　　6-2-2 其他計算方式...6-6

6-3 計算資料分佈範圍...6-8

　　6-3-1 使用FREQUENCY函數...6-8

　　6-3-2 建立常態分佈..6-10

　　6-3-3 使用分析工具箱...6-11

6-4 靈活應用加總公式與函數...6-15

　　6-4-1 累進加總..6-15

　　6-4-2 條件式加總..6-19

　　6-4-3 條件式加總精靈...6-21

　　6-4-4 隨機產生一組唯一的數值.....................................6-22

Contents

✚ 財務函數的應用　　Chapter 7 ◀

7-1 借貸計算 7-2

   7-1-1 PMT、PPMT與IPMT函數 7-2

   7-1-2 計算現值與終值 7-5

   7-1-3 信用卡循環利息 7-12

   7-1-4 貸款清償表 7-13

7-2 使用運算資料表 7-15

   7-2-1 單變數資料表 7-15

   7-2-2 雙變數資料表 7-17

   7-2-3 非規則性償還貸款 7-19

7-3 計算單一投資項目 7-22

7-4 計算定時定額投資 7-25

7-5 分析債券價格 7-27

7-6 折舊計算 7-29

   7-6-1 定率遞減法—DB函數 7-29

   7-6-2 倍數餘額遞減—DDB函數 7-30

   7-6-3 直線折舊法—SLN函數 7-31

   7-6-4 年數合計法-SYD函數 7-32

   7-6-5 計算特定時段的折舊總金額 7-32

✚ 尋找與參照函數　　Chapter 8 ◀

8-1 認識LOOKUP函數家族 8-2

   8-1-1 VLOOKUP函數 8-2

   8-1-2 HLOOKUP函數 8-4

   8-1-3 LOOKUP函數 8-7

8-2 MATCH 與INDEX函數應用 8-10

8-3 INDEX與LOOKUP函數應用 8-14

Contents

▶ Chapter **9** 　**善用 Excel 分析工具** ➕

9-1 常用的計算工作..9-2

　9-1-1 進位的處理 9-2

　9-1-2 單位轉換的處理 9-9

　9-1-3 求解聯立方程式 9-9

9-2 合併彙算...9-12

9-3 迴歸分析...9-19

9-4 模擬狀況分析..9-23

　9-4-1 分析藍本管理員 9-23

　9-4-2 目標搜尋 9-27

　9-4-3 規劃求解 9-30

▶ Chapter **10** 　**圖表函數的應用** ➕

10-1 認識圖表類型..10-2

10-2 Excel圖表的基礎概念.......................................10-9

　10-2-1 認識圖表中的各個項目 10-9

　10-2-2 快速建立圖表 10-11

　10-2-3 圖表版面配置範本 10-16

　10-2-4 調整圖表大小與搬移位置 10-17

　10-2-5 變更圖表類型 10-19

　10-2-6 自訂圖表範本 10-21

　10-2-7 SERIES函數 10-24

10-3 建立動態圖表..10-26

　10-3-1 自動更新圖表 10-26

　10-3-2 互動式圖表 10-29

10-4 建立函數圖形..10-34

Contents

10-4-1 單變數函數圖形 10-34

10-4-2 雙變數函數圖形 10-38

10-5 建立趨勢線 10-40

10-5-1 線性趨勢線 10-40

10-5-2 非線性趨勢線 10-43

✚ 使用表格（資料庫）　　　Chapter 11◀

11-1 建立/編修表格—簡易資料庫 11-2

11-1-1 Excel 表格的重要概念 11-2

11-1-2 建立表格（簡易資料庫） 11-3

11-1-3 套用表格樣式 11-6

11-1-4 新增表格樣式 11-6

11-2 資料篩選 11-9

11-2-1 自動篩選 11-9

11-2-2 進階篩選 11-14

11-2-3 複製篩選資料 11-17

11-3 資料排序 11-20

11-3-1 一般排序 11-20

11-3-2 特別排序 11-23

11-3-3 色階、圖示集與資料橫條 11-25

11-4 工作表之群組及大綱 11-28

11-4-1 認識大綱 11-28

11-4-2 建立大綱 11-29

11-4-3 分組小計 11-32

11-5 表格的計算功能 11-35

11-5-1 合計Excel表格中的資料 11-35

11-5-2 Excel表格計算的結構化參照 11-40

11-5-3 結構化參照的元件説明 11-42

Contents

Chapter 12 樞紐分析表及分析圖 ✚

12-1 建立樞紐分析表.. 12-2

12-2 編輯樞紐分析表.. 12-6

12-2-1 認識樞紐分析表欄位工作窗格............................. 12-6

12-2-2 增刪樞紐分析表欄位... 12-8

12-2-3 更新資料 12-11

12-3 認識「樞紐分析表選項」對話方塊.................................... 12-12

12-4 樞紐分析表的排序、篩選與群組.................................... 12-16

12-4-1 排序樞紐分析表 12-16

12-4-2 篩選樞紐分析表 12-19

12-4-3 組成群組資料 12-20

12-4-4 變更欄位設定 12-26

12-5 交叉分析篩選器... 12-29

12-5-1 建立交叉分析篩選器 12-29

12-5-2 共用交叉分析篩選器 12-31

12-6 使用樞紐分析圖... 12-34

12-6-1 手動建立樞紐分析圖 12-34

12-6-2 直接將樞紐分析表轉成樞紐分析圖 12-36

12-6-3 移動樞紐分析圖 12-37

12-6-4 編輯樞紐分析圖 12-38

Chapter 1

公式與函數的基本概念

1-1　認識公式與函數

1-2　認識儲存格參照位址

1-3　使用儲存格名稱

使用 Excel 絕對少不了要用公式與函數，如果您僅將 Excel 拿來當成文字輸入工具，那真是可惜！如果要能夠靈活應用 Excel 的公式與函數，必須先具備許多重要的概念，才能將 Excel 所提供的功能完全發揮。

1-1 認識公式與函數

公式 與 **函數** 可以說是一家親，很難分得出彼此；但為了在未來的運用上得心應手，還是需要深入瞭解這二者之間的關係。另外，除了公式與函數之外，還有一個重要的資料稱為 **常數**，指的是不需要計算的資料，例如：日期、單一數值、文字…等，使用者必須要知道如何區分公式與常數。提醒您！經由公式計算所得到的數值與結果，不能稱為 Excel 的常數哦！

1-1-1 輸入公式與函數

所謂 **公式**，Excel 的定義是必須以 **等於（＝）** 開頭，然後再輸入其他字串、數值、運算子、函數、儲存格參照位址或名稱與括號…等。綜合各種運算元素之後，即可將工作表的相關資料帶入公式中計算，求得所要的結果。

所謂 **函數**（Function），是指由一些事先定義的公式所組成，用以協助您取得一些計算結果。Excel 中已經內建了數百個函數，這些函數包含：**函數名稱** 與必須輸入的一個或多個 **引數**。**引數** 是指所有指定給函數以便執行運算的資料（包括：**文字**、**數字**、**邏輯值**、**儲存格參照** 與 **名稱**）；而經函數執行後傳回的資料，則稱為函數的 **解**。

本書特別先將這些 Excel 所內建的函數歸類為「工作表函數」，而公式與函數的結構如下圖所示：

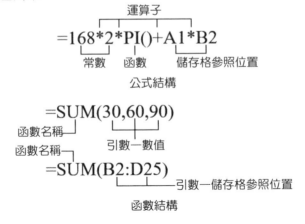

運算子

=168*2*PI()+A1*B2

常數　　函數　　儲存格參照位置

公式結構

=SUM(30,60,90)

函數名稱　　　　引數─數值

函數名稱

=SUM(B2:D25)

引數─儲存格參照位置

函數結構

輸入公式

　　輸入公式的方法很簡單，只要在儲存格中先輸入 **等號**（＝），接著輸入內容，即可以完成一個公式，例如：=D5+E5+F5+G5。但是當公式內容非常長的時候，為了檢閱方便，應該如何處理呢？這個時候靈活應用空格或強迫換行（同時按 Alt + Enter 鍵），即可讓冗長的公式段落分明。

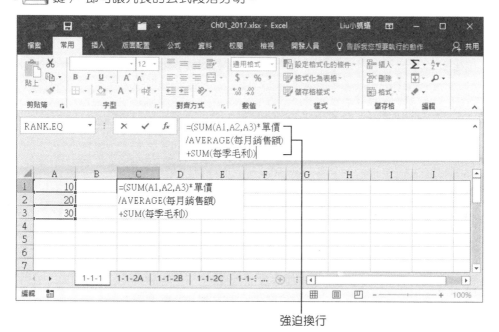

強迫換行

輸入函數

　　在 Excel 工作中輸入函數的方法有下列三種：

　● 直接在所選儲存格或 **資料編輯列**，逐一輸入 **函數名稱** 與 **引數**。

直接輸入函數

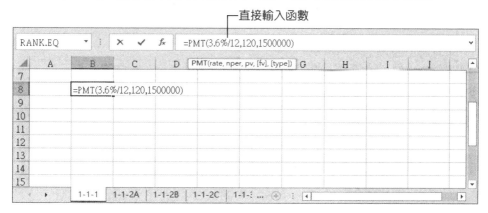

使用 **插入函數** f_x 鈕輸入相關的 **函數名稱** 與 **引數**。

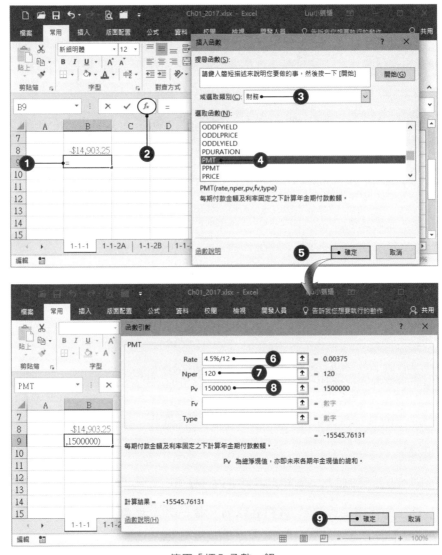

使用「插入函數」鈕

使用 **公式 > 函數程式庫** 功能區群組中的各類型函數指令。

> **說明**
>
> Excel 內建函數共有 11 大類，分別為：**財務函數、日期及時間函數、數學與三角函數、查閱與參照函數、統計函數、資料庫函數、文字函數、邏輯函數、資訊函數、工程函數** 及 **Cube 函數**。

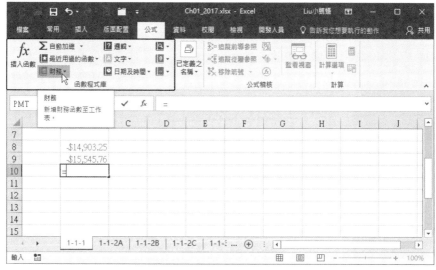

功能區群組中的各類型函數

巢狀函數

在某些計算工作中，可能需要將某個函數的結果，作為另一個函數的引數，這就是 **巢狀函數**。例如：下列的計算公式就是要將 AVERAGE 函數的結果，當作 IF 函數的引數，以便與 15 進行比較；再將 SUM 函數，當成另一個 IF 函數的引數，以便將其加總。

=IF(AVERAGE(A1:A3)>15,SUM(B1:B3),0)

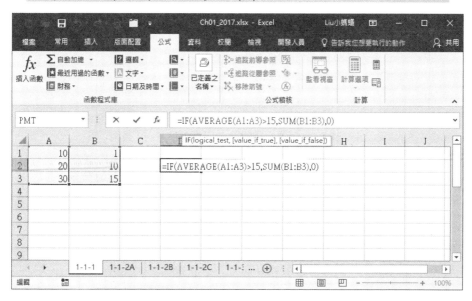

在 **巢狀函數** 公式中，使用函數結果當作引數使用時，它傳回的資料類型必須與引數使用的資料類型相同。例如：如果前一函數特定之引數應傳回一個 TRUE 或 FALSE 值，那麼巢狀函數也必須傳回一個 TRUE 或 FALSE 值，否則 Excel 將顯示「VALUE!」錯誤指標。

在 Excel 使用 **巢狀函數** 公式時，至多可以包含 64 個層級的 **巢狀函數**。當函數 B 作為函數 A 的引數時，函數 B 稱為第 2 層函數。例如：上面的公式範例中 AVERAGE 和 SUM 函數都是第 2 層函數，因為它們是 IF 函數的引數，如果在 AVERAGE 內部還有函數當成引數，則此函數就是第三層函數，以此類推。

1-1-2 運算子的使用

運算子 又稱 **運算符號** 在公式中是相當重要的元件，Excel 共有四類運算子，請參考下表。

運算子	符號
算術運算	+、-、*、/、%、^
比較運算	=、<、<=、>、>=、<>
文字運算	&
參照運算	8 Bytes

在公式中，如果合併使用數個不同類的運算子，其執行的優先順序，如下表所示：

優先次序	運算子	敘述	類型
1	:	範圍	參照
2	空格	交集	參照
3	,	聯集	參照
4	-	負號	算術
5	%	百分比	算術
6	^	指數	算術
7	*	乘法	算術
8	/	除法	算術
9	+、-	加法、減法	算術
10	&	文字連接	文字
11	=、<、>、<=、>=	比較	比較

如果要變更 Excel 預設的執行次序，則須以 **括號 ()** 予以分隔，它的慣例仍是先從最內層的括號開始計算，逐步往外處理，例如：

```
=((5+4)*3+(2*6))*2
```

參照運算子

在 Excel 中的 **範圍**、**交集**、**聯集** 是針對儲存格範圍所定義，分別以範例說明如下。

範圍運算（：冒號）

如果要在 J6 儲存格中，計算 J2:M4 儲存格範圍內所有數值的總合，可以輸入下列公式，得到的計算結果為 380。

```
=SUM(J2:M4)
```

公式內容

加總範圍

結果

交集運算（ 空格）

在 J15 儲存格中，若要計算 J9:M11 與 K10:N13 交集的儲存格範圍之數值總和，可以輸入下列公式，得到的計算結果為 275。

```
=SUM(J9:M11 K10:N13)
```

接下頁 ➡

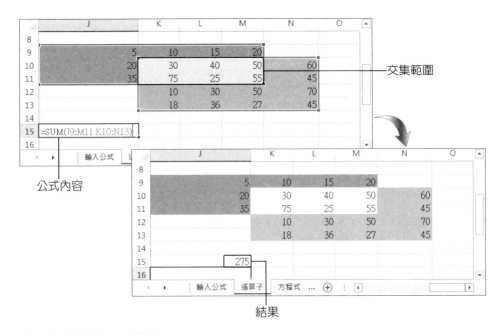

交集範圍

公式內容

結果

聯集運算（,逗號）

在 J23 儲存格中，若要計算 J17:M19 與 K18:N21 二個儲存格範圍的數值總和，可以輸入下列公式，其結果為 1046；是由 J17:M19 總和再加上 K18:N21 總和，所以交集的範圍加總了二次。

=SUM(J17:M19,K18:N21)

範圍 1

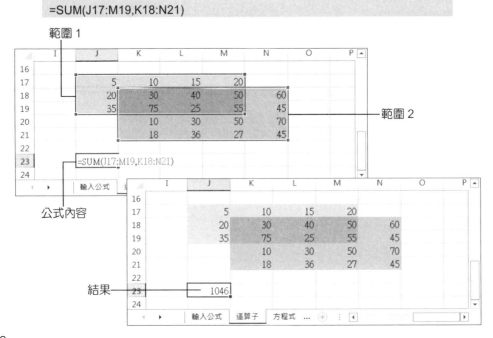

範圍 2

公式內容

結果

算術運算子

如果要執行基本的數學運算（例如：加、減、乘、除…等），以便求得計算結果，就需要使用這些 **算術運算子**。下圖我們特別說明 **次方** 與 **開根號** 的運算方法。

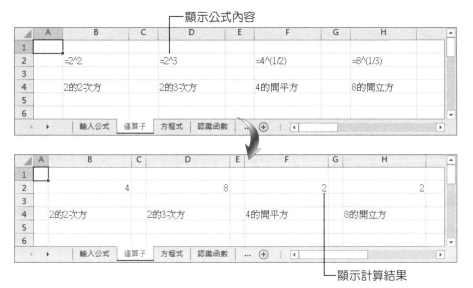

文字關聯運算子

文字關聯運算子 是使用「&」符號，連結或一個或多個文字字串，以便結合後產生一個新的文字字串。

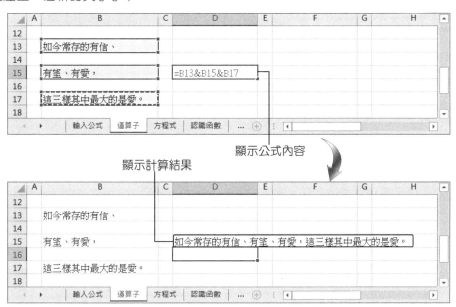

比較運算子

當您在儲存格中使用 **比較運算子** 比較二個數值時，結果會顯示為 **邏輯值**（TRUE 或 FALSE）。輸入這些資料時，請記得開頭仍需要輸入 **等於**（＝）。

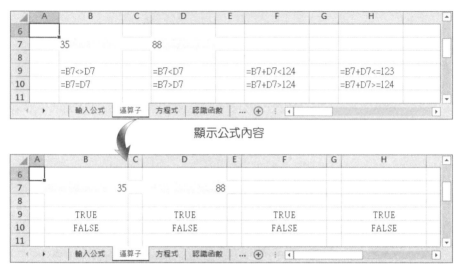

顯示公式內容

顯示計算結果

> **說明**
>
> 所有儲存格中的公式內容，一般是顯示在 **資料編輯列**，如果希望儲存格顯示的內容為公式而不是計算結果，可以執行 **公式 > 公式稽核 > 顯示公式** 指令。

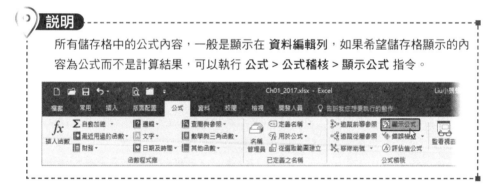

1-1-3 加上資料驗證的輸入方法

如何確保每一次輸入到儲存格的資料，不論是文字、數值、日期或公式都正確無誤？相信這是使用 Excel 的人都期望能夠達到的目標，如此，未來所有工作才不會因為原始資料輸入錯誤，造成不知所以然的結果！

Excel 所提供的 **資料驗證** 功能，可以協助使用者快速設定驗證條件，讓您在輸入資料的同時，即能立刻判斷輸入的資料是否符合要求。

__範例__ 驗證輸入數值必須小於 500

STEP**1** 選取所要的儲存格或儲存格範圍，執行 **資料 > 資料工具 > 資料驗證** 指令。

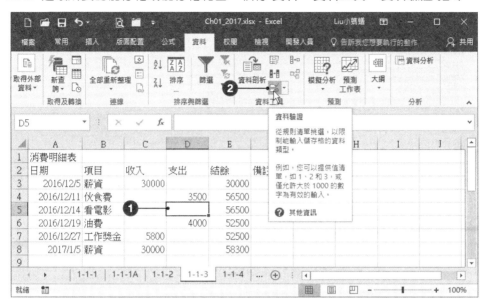

STEP**2** 出現 **資料驗證** 對話方塊，在 **設定** 標籤中，定義所要的條件。例如：將 **儲存格內允許** 設定為 **實數**，**資料** 清單設為 **小於**，**最大值** 指定為 500。

STEP**3** 選擇對話方塊中的其他標籤,設定相關內容,完成之後按【確定】鈕。

設定完成之後,點選該儲存格會顯示「提示訊息」

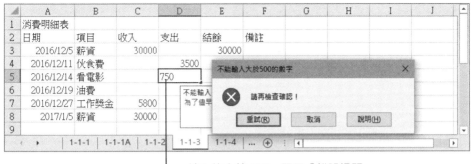

輸入值大於 500，顯示「錯誤提醒」

輸入正確範圍的值即能完成輸入

1-1-4　自訂驗證公式

在一般情形下，除了可選擇 Excel **資料驗證** 功能所提供的項目之外，還可以用自訂的方式處理驗證工作。

範例　**驗證輸入資料必須符合自訂公式**

STEP**1**　選取所要的儲存格或儲存格範圍，例如：H3:H22；執行 **資料 > 資料工具 > 資料驗證** 指令。

STEP**2**　出現 **資料驗證** 對話方塊，在 **設定** 標籤中，將 **儲存格內允許** 設定為 **自訂**；在 **公式** 輸入方塊中，輸入自訂公式，例如：「=F3+G3<E3」。

接下頁 ➡

公式與函數的基本概念

1

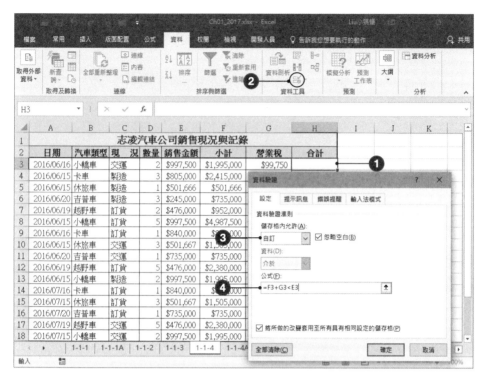

STEP**3** 視需要選擇對話方塊中的其他標籤,設定相關內容,按【確定】鈕。

STEP**4** 當儲存格 H3 的數值沒有大於 E3 時，就不能輸入任何資料。

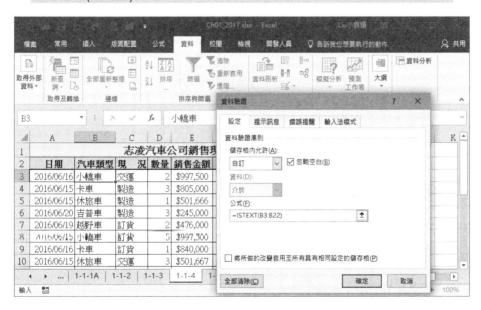

僅能在儲存格輸入文字

如果在某一儲存格範圍，僅允許使用者輸入文字資料，例如：B3:B22，則可以輸入下列公式：

=ISTEXT(B3:B22)

不能輸入已經存在的資料

如果在某一儲存格範圍內，不允許出現任何相同的資料內容，則可輸入下列公式：

=COUNTIF($B$2:$B$12,B2)=1

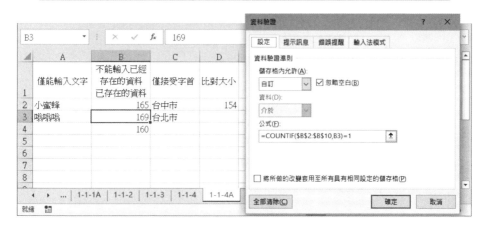

僅接受字首與字數的內容

如果在某一儲存格範圍內，僅允許使用者輸入『台』為字首，且僅能有 3 個字元 (例如：台中市)，則可輸入公式如下：

=COUNTIF(A1,"台 ??")=1

當某二個儲存格大小比對符合條件，才能輸入

若希望當儲存格數值 B2>B3 時，才可以允許輸入資料。則可輸入公式如下：

=B2>B3

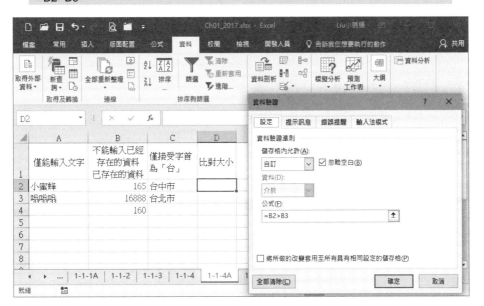

1-2 認識儲存格參照位址

什麼是 **參照位址**？**工作表** 中最基本的單位是 **儲存格**，為了使用方便，Excel 針對每一個儲存格皆賦予 **參照位址**，如此，才能在公式中辨識與計算。儲存格的 **參照位址**，一般都是以 **欄名列號** 為其代表，舉例來說：位於 B 欄、第 5 列的儲存格，其 **參照位址** 為 B5。

1-2-1 參照位址的表示方式

參照位址有三種方式表示，分別為 **絕對參照**、**相對參照** 與 **混合參照**。

絕對參照

絕對參照 的意義是指，在公式中的儲存格參照位址，不會隨著儲存格本身位址的改變而變更。當複製儲存格時，如果不希望其公式的 **參照位址** 隨著儲存格位址不同而改變，就必須在欄名、列號的前方加上「$」符號。此種用法，可以確保工作表的計算值不會產生 **參照錯誤** 的情況。一般計算利息或幣值轉換常用到的固定利率或匯率，即可使用此類型的參照。

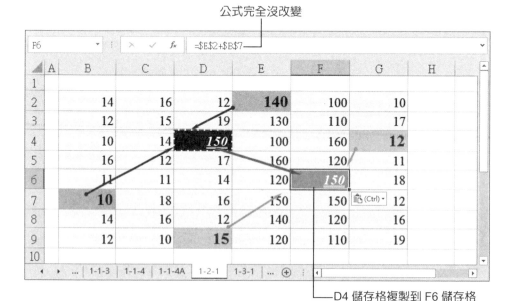

公式完全沒改變

D4 儲存格複製到 F6 儲存格

相對參照

相對參照 的意義是指,在公式中的儲存格參照位址,會隨著公式所在儲存格位址的變更而改變,其表示法為 A1。這裡所謂的 **相對**,是指相對其公式的所在位址。舉例來說,D4 儲存格的公式為「=E2+B2」,此公式內容所有 **參照位址** 皆為 **相對參照**。它所代表的意義,改以口語敘述如下:

在 D4 儲存格所顯示的數值是:於右邊一欄上方 2 列(E22)的數值,加上左邊二欄下方 3 列(B27)的數值。

由上述口語話的說明,可以使用另一 R1C1 寫法表示,其中(R 代表「列」,C 代表「欄」)。

R4C4=R[-2]C[1]+R[3]C[-2]

在 **相對參照** 說明上是相當清楚的,但請記得左、右、上、下之間的關係(向左、向上,以 **負號(-)** 表示;向右、向下,以 **正號(+)** 表示)。參考下圖,將 D4(數值為 150)儲存格複製到 F6 儲存格,結果其數值變為 27,這表示用以計算的公式已隨儲存格的位址改變而變更。

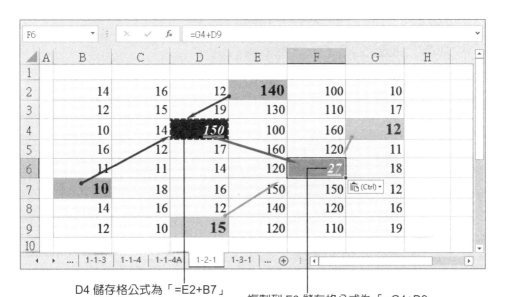

D4 儲存格公式為「=E2+B7」

複製到 F6 儲存格公式為「=G4+D9」

混合參照

　　混合參照 的意義是指，在公式中的儲存格參照位址，會隨著公式所在的儲存格位置而變化，有時我們只需要固定某一欄參照，而改變列參照；或固定某一列參照，僅改變欄參照，這種情形即稱之為 **混合參照**，例如：$A1、A$1。

　　混合參照 的應用是綜合 **相對參照** 與 **絕對參照** 的結果，所以當公式中具有 **混合參照** 時，使用者本身必須相當清楚這些儲存格資料，是否已滿足需求，否則非常容易發生錯誤！

D4 儲存格公式為「=E$2+B$7」

複製到 F3 儲存格，公式變為「=G$2+D$7」

1-2-2　使用外部參照公式

　　建立公式時，除了可以參照與公式相同工作表中的儲存格之外，還可以參照到相同活頁簿的其他工作表內的儲存格，就如同參照工作表本身的儲存格一樣。例如：在某一頁工作表的 B10 儲存格，欲參照到「工作表 7」中的 B2 儲存格。

參照同一活頁簿的其他工作表

　　使用公式時，經常會用到儲存格參照位址，因此，在輸入儲存格參照位址時，除了使用鍵盤輸入之外，也可以使用滑鼠點選所要參照的儲存格，如此可避免打字錯誤的情況。

__範例__ 參照其他工作表資料

STEP**1** 在「第一季」工作表中選取 D6 儲存格,輸入:「=」。

STEP**2** 使用滑鼠點選「一月」工作表標籤,再點選其中的 D6 儲存格;然後在 **資料編輯列** 中輸入「+」。

STEP 3 參考步驟 2，依續處理所有公式內容，例如：分別點選「二月」及「三月」
工作表中的 D6 儲存格。

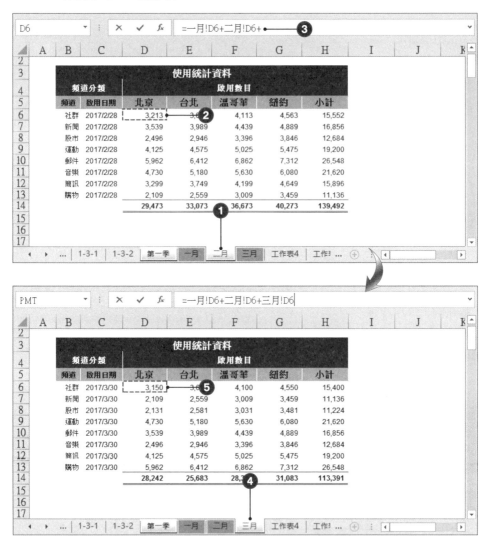

STEP 4 設定完成後，按 **資料編輯列** 上的 **輸入** ☑ 鈕，或按 Enter 鍵。切換回「第
一季」工作表，且 **資料編輯列** 上會顯示如下公式：

= 一月 !D6+ 二月 !D6+ 三月 !D6

STEP5 接著，只要先按住 D6 儲存格的 **填滿控制點** 往右拖曳至 G6 儲存格；再按住 G6 儲存格的 **填滿控制點** 往下拖曳至 G13 儲存格，即能完成「第一季」的報表。

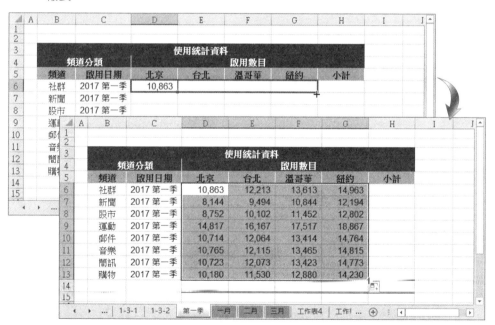

説明

使用滑鼠點選參照儲存格的方式，Excel 皆預設為 **相對參照** 表示法，但以滑鼠點選方式輸入 **參照位址**，仍不失為較安全且方便的做法。

立體（3D）參照

Excel 活頁簿檔案可以內含「多頁」工作表，使得我們在執行工作時更加方便，因此如何靈活地應用活頁簿，是件很重要的工作。**參照位址** 的表示，可以用到 3D **參照**，如此就能輕輕鬆鬆在參照範圍內執行計算工作。其參照輸入的方式舉例說明如下：

=SUM(一月：三月 !D5)

上述公式的意義為：將「一月」到「三月」之間，各個工作表中的 D5 儲存格數值進行加總。

範例　使用立體參照

如果我們要在「第一季」工作表中，將所有地區 1 月到 3 月的啟用次數進行統計，即可使用立體參照的方法，進行第三維度的計算工作。

STEP**1**　選擇「第一季」工作表中的 D6 儲存格，在 **資料編輯列** 輸入「=SUM(」。

STEP**2** 先以滑鼠點選「一月」工作表標籤,再按住 **Shift** 鍵,然後點選「三月」工作表標籤;接著,點選 D6 儲存格;最後輸入「)」。

STEP**3** 設定完成後,按 **資料編輯列** 上的 **輸入** ☑ 鈕,或按 **Enter** 鍵;會自動切換回「第一季」工作表,且 **資料編輯列** 上會顯示公式為「=SUM(一月:三月 !D6) 」。

STEP**4** 以 D6 儲存格為基礎,使用拖曳填滿的方式,完成「第一季」的報表。

以拖曳填滿方式完成報表

延伸閱讀

可用於立體參照的函數，請參閱下表。

函數	說明
SUM	將數字相加
AVERAGE	計算數字平均值（算術平均值）
AVERAGEA	計算數字平均值（算術平均值），包含文字與邏輯值
COUNT	統計包含數字之儲存格的數目
COUNTA	統計不是空白的儲存格數目
MAX	尋找一組值中的最大值
MAXA	尋找一組值中的最大值，包含文字與邏輯值
MIN	尋找一組值中的最小值
MINA	尋找一組值中的最小值，包含文字與邏輯值
PRODUCT	數字相乘
STDEV	根據樣本計算標準差
STDEVA	根據樣本計算標準差，包含文字與邏輯值
STDEVP	計算整個母群體的標準差
STDEVPA	計算整個母群體的標準差，包含文字與邏輯值
VAR	根據樣本來估計變異數
VARA	根據樣本來估計變異數，包含文字與邏輯值
VARP	計算整個母群體的變異數
VARPA	計算整個母群體的變異數；包含文字與邏輯值

1-3 使用儲存格名稱

建立 Excel 試算表時，經常會在公式或函數中，參照到不同的儲存格或儲存格範圍，使用前一小節的儲存格參照位址來處理，固然是一種基本且重要的方法，但為了便於日後編修與維護工作表，可以進一步使用儲存格名稱作為參照位址。

1-3-1 定義儲存格名稱

Excel 工作表可以針對儲存格或儲存格範圍賦予一個專屬的名稱，以便應用在計算公式中。使用 **儲存格名稱** 取代 **參照位址**，對於執行試算表工作而言相當有效率，也能保障參照的正確性。尤其記憶儲存格名稱，比記憶儲存格參照位址更來得方便。除此之外，在知識管理喊得震天價響的今天，如何把這些電子試算表也納入知識管理系統呢？**儲存格名稱** 的運用就是一項關鍵性工作，所以您必須學會。

名稱方塊 位於 **資料編輯列** 左側，Excel 在此位置顯示各作用儲存格的 **參照位址** 或 **儲存格名稱**。如果工作表中已定義某些 **儲存格名稱**，只要使用滑鼠點選名稱方塊旁邊的展開（▼）鈕，即會顯示所有的名稱清單；點選之後（例如：一月）即會顯示該名稱所代表的儲存格範圍，也會自動跳到工作表中所定義的儲存格範圍。定義 **儲存格名稱** 時，必須遵守下列原則：

- **儲存格名稱** 的第 1 個字元，必須是字母或文字。
- 除了第 1 個字元之外，其他字元可使用符號。
- 不可將空格當成分隔符號，請改用 **底線**（_）或 **句點**（.）代替。
- 每一名稱最多不可以超過 255 個字元。
- 英文字母，不區分大小寫。
- **儲存格名稱** 不能使用類似 **參照位址** 的格式，例如：K7、$A3、D$7 或 R6C9…等。

___範例___ **定義單一儲存格名稱**

STEP**1** 點選要定義名稱的儲存格，例如：H3。

STEP**2** 將滑鼠游標指到 **資料編輯列** 的 **名稱方塊**，在其中按一下滑鼠左鍵，**作用儲存格** 對應的參照位址會反白。

接下頁 ➡

STEP**3** 直接輸入所要定義的名稱，例如：「教學光碟售價」，按 [Enter] 鍵。

除了可以定義儲存格或儲存格範圍的名稱之外，還可以將經常出現的數值（常數）定義為名稱，以便在工作表中使用。例如：圓周率 =3.14159 即可將其定義為常數名稱。

範例 定義常數名稱

STEP**1** 點選 **公式 > 已定義之名稱 > 定義名稱 > 定義名稱** 指令。

STEP**2** 出現 **新名稱** 對話方塊，輸入所要
定義的 **名稱**，例如：圓周率；在
參照到 輸入所要的數值，例如：
「=3.14159」，按【確定】鈕。

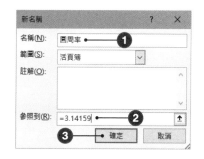

STEP**3** 當您知道圓的直徑時，在 H9 儲存格
輸入公式「=H7* 圓周率」，即能得到
圓周長。

1-3-2　以選取範圍定義儲存格名稱

如果在工作表中，已經建立一份表格，且此表格所對應的欄、列標題也輸入完成；此時，可以針對每一單獨的欄列，同時定義其標題為儲存格範圍名稱。

範例 　將指定範圍定義名稱

STEP**1**　選取要建立儲存格名稱的儲存格範圍，例如：B2:E9；執行 **公式 > 已定義之名稱 > 從選取範圍建立** 指令。

STEP**2**　出現 **以選取範圍建立名稱** 對話方塊，確認已勾選相關核取方塊，此範例為 ☑**頂端列** 與 ☑**最左欄**，按【確定】鈕。

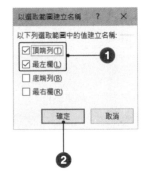

- **頂端列**：使用頂端列文字標題為名稱。
- **最左欄**：使用最左欄文字標題為名稱。
- **底端列**：使用底端列文字標題為名稱。
- **最右欄**：使用最右欄文字標題為名稱。

STEP**3** 展開 **名稱方塊** 下拉
式清單，其中會列
出所建立的儲存格
範圍名稱。如果點
選「電腦圖書」，即
會選取該名稱的儲
存格範圍。

1-3-3 建立動態儲存格範圍的名稱

　　許多時候，儲存格範圍會隨著時間或工作需要變更，我們可以運用下列範例的公式，建立動態的儲存格範圍名稱。此範例假設原儲存格範圍是整個 A 欄位，但我們僅須要將已出現資料的儲存格拿來使用，此時即可以使用 OFFSET 與 COUNTA 函數所構成的公式，執行修訂範圍的工作。

範例 使用 OFFSET 與 COUNTA 函數建立動態儲存格範圍的名稱

STEP**1** 在工作表中輸入如下圖所示的各項資料，執行 **公式 > 已定義之名稱 > 定義名稱** 指令。

STEP**2** 出現 **新名稱** 對話方塊，在 **名稱** 輸入 **日期**，**參照到** 則輸入下列公式，按
【確定】鈕，完成名稱的定義。

=OFFSET($A$2,0,0,COUNTA($A:$A),1)

STEP**3** 未來 A 欄位的資料增加或減少，圖表中的數列即會對應增多或減少。

減少日期資料

變更日期資料

OFFSED 函數會依據指定的儲存格位址、列距及欄距而算出的參照範圍。傳回的資料類型是參照位址，它可以是單一個儲存格或一個儲存格範圍。

語法

OFFSET(reference,rows,cols,height,width)

引數

Reference：計算位移結果的起始參照位址。reference 必須參照到相鄰選取範圍的一個儲存格或範圍，否則 OFFSET 函數傳回錯誤值「#VALUE!」。

Rows：用以表示左上角儲存格要垂直（往上或往下）移動的列數。例如：rows 值為 5，意指所傳回之參照位址之左上角儲存格位址比 reference 引數低五列。此引數可以是正數（表示在起始參照位址下方）或負數（表示在起始參照位址上方）。

Cols：用以表示左上角儲存格要水平（往左或往右）移動的欄數。例如：cols 值為 5，意指所傳回之參照位址之左上角儲存格位址在 reference 引數右方的第五欄上。此引數可以是正數（表示在起始參照位址右方）或負數（表示在起始參照位址左方）。

Height：儲存格範圍的列數的數值。此引數必須是正數。

Width：儲存格範圍的欄數的數值。此引數必須是正數。

1-3-4　貼上儲存格名稱

工作表中有些公式或資料，經常會重複出現在不同儲存格，因此，如事先定義好此公式的名稱，等到需要重複使用時即可將此名稱貼上。在貼上名稱前，請確認此儲存格為空白內容或此儲存格資料可被取代，以免產生錯誤！

範例　在公式中貼上名稱

這個範例要在 H11 儲存格計算「教學光碟售價 *168」，其中「教學光碟售價」已經定義好儲存格名稱。

STEP**1**　請點選欲貼上名稱的儲存格，例如：H11；輸入 **等號**（＝），執行 **公式 > 已定義之名稱 > 用於公式 > 貼上名稱** 指令。

STEP**2**　出現 **貼上名稱** 對話方塊，點選要貼上的名稱，按【確定】鈕。

接下頁 ➡

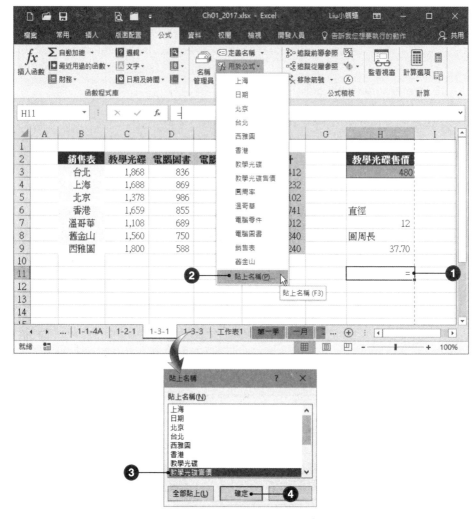

STEP**3** 在儲存格中接著輸入「*168」，按 [Enter] 鍵即可獲得計算結果。

延伸閱讀

如果儲存格範圍名稱是由表格所建立而成的，則可以使用「範圍運算子」的方式，快速找到所指定的儲存格資料。

請參考下圖，如果各項產品單價為 450 元，當您要計算其銷售金額時，可直接應用名稱來處理。例如：「教學光碟」在「溫哥華」的銷售量，其資料位於 D7 儲存格，也就是「教學光碟」與「溫哥華」的交集位址，所以要得到其銷售金額時，可以輸入下列公式，即能得到結果為 531840。

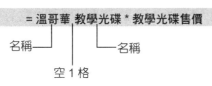

```
= 溫哥華 教學光碟 * 教學光碟售價
```

名稱 ——┘ │ └—— 名稱

空 1 格

E11		:	×	✓	fx	=溫哥華 教學光碟*教學光碟售價			
	A	B	C	D	E	F	G	H	I
1									
2		**銷售表**	**教學光碟**	**電腦圖書**	**電腦零件**	**銷售總計**		**教學光碟售價**	
3		台北	1,868	836	388	$2,543,412		480	
4		上海	1,688	869	136	$1,580,232			
5		北京	1,378	986	155	$1,581,102			
6		香港	1,659	855	189	$1,752,741		直徑	
7		溫哥華	1,108	689	227	$1,590,012		12	
8		舊金山	1,560	750	349	$2,238,840		圓周長	
9		西雅圖	1,800	588	258	$1,929,240		37.70	
10									
11					=溫哥華 教學光碟*教學光碟售價			80640	
12					教學光碟售價				

... | 1-1-4A | 1-2-1 | 1-3-1 | 1-3-3 | 工作表1 | 第一季 | 一月 | ...

Chapter 2

公式與函數的偵錯

2-1　經常出現的錯誤

2-2　使用偵錯工具

任何工作在執行過程中，都難免會有錯誤產生，除了儘量防止錯誤發生之外，如何在錯誤產生時儘快修正妥當，則是另一項重要的工作。Excel 針對公式與函數的偵錯工作，提供一些不錯的工具。如果想要提升工作的效率，本章的內容是很重要的參考資料，它不僅說明偵錯工具的使用方法，還額外提供一些重要的概念，期望您能耐心地閱讀！

2-1　經常出現的錯誤

使用公式時，經常碰到的錯誤不外乎四大類型：**語法錯誤**、**邏輯錯誤**、**參照錯誤** 與 **未計算完成的錯誤**。Excel 針對上述錯誤會顯示不同的錯誤指標或訊息，提供使用者參考，以便進行修訂。

2-1-1　常見的輸入錯誤

我們針對輸入公式或函數時，可能會出現的一些常見錯誤，摘要如下並提供修訂錯誤的建議。

- **公式中所有的左右括號都必須成對顯示**：在建立公式時，Excel 會將輸入的括號以彩色顯示，請您務必仔細核對。

- **使用冒號指出範圍**：當參照儲存格範圍時，請使用 **冒號（:）** 分隔參照範圍中的第一個儲存格和最後一個儲存格。

- **輸入需要的所有引數**：有些函數必須輸入引數，請您確定沒有遺漏必須輸入的引數或避免輸入過多的引數。

- **注意巢狀化函數階層數目**：您可以在函數中輸入函數（或巢狀化），但階層不能超過 64 個層級。

- **參照其他工作表名稱需以單引號括住**：如果公式中參照了其他工作表或活頁簿中的值或儲存格，而且這些活頁簿或工作表的名稱中包含非字母字元，則您必須用 **單引號（'）** 將其名稱括住。

- **注意外部參照的完整性**：請確定每一個外部參照，都包含活頁簿名稱和活頁簿的存放路徑。

- **必須輸入無格式的數字**：在公式中輸入數字時，不能為數字設定格式。例如：需要輸入的數值為「NT$50,000.00」時，在公式中僅能輸入「50000」。

2-1-2 認識錯誤指標

當我們在工作表的儲存格輸入公式時，如果出現錯誤，則會傳回錯誤指標，它們共分為七項，各有其不同的意義，分別說明如下。

#DIV/0! 錯誤指標

這是除以 0 的錯誤，代表公式中的某些除數為 0，或是其參照的儲存格為空白。在某些時候，為了編輯工作的便利性，會預先輸入公式，因此在儲存格內會出現許多錯誤指標的符號，為了避免產生這些訊息，您可使用 ISBLANK 或 ISERROR 函數協助處理。請參考下圖範例。

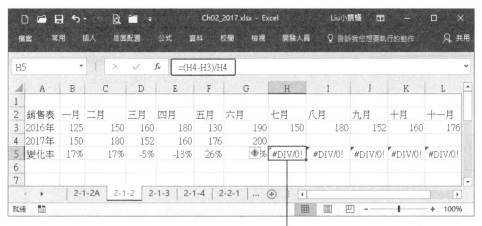

顯示錯誤指標，原公式為「=(H4-H3)/H4」

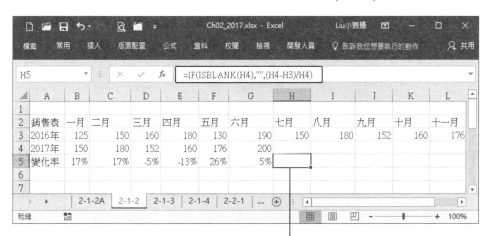

在公式中使用 ISBLANK 函數，使其變為
「=IF(ISBLANK(H4),"",(H4-H3)/H4)」，則
不再出現錯誤訊息

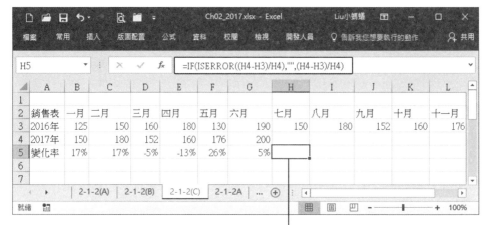

在公式中使用 ISERROR 函數，使其變為
「=IF(ISERROR((H4-H3)/H4),"",(H4-H3)/H4)」，
也不再出現錯誤訊息

#NAME? 錯誤指標

這是指公式中所參照的儲存格名稱不存在，或是所使用的函數名稱不正確，或是所用到的 **增益集**（Add-in）功能尚未啟用。

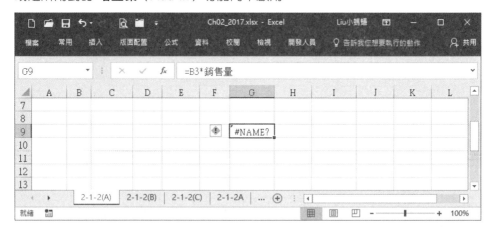

#N/A 錯誤指標

這是指沒有可用的數值，您可以輸入「=NA()」函數讓使用者明顯看到空白儲存格。另外，使用 LOOKUP 函數時，如果找不到符合要求的資料，也會出現這個錯誤指標。

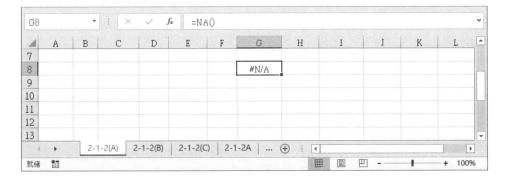

#NULL! 錯誤指標

使用 **交集** 運算子時，如果二個儲存格範圍之間沒有交集的地方，即會出現此訊息。

二個儲存格範圍沒有交集

#REF! 錯誤指標

當公式中所參照的儲存格位址不存在或錯誤時，即會出現此訊息。此錯誤經常是在公式中使用 **相對參照** 位址，然後經由 **複製** 與 **貼上** 的動作所產生。

#VALUE! 錯誤指標

這是指在公式中使用了錯誤的運算子，或是在函數中使用了錯誤類型的引數。例如：將文字資料與數字資料混合在一起運算。

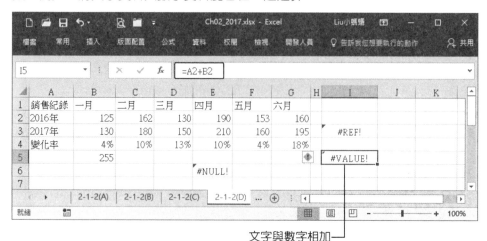

文字與數字相加─

2-1-3 實際數值與顯示數值

Excel 在進行計算工作時，常會出現實際計算值與顯示在儲存格的數值不一致，例如：分別在三個儲存格中輸入 1/3，再於另一儲存格執行 SUM 函數（加總）計算，則出現實際值為 1；如果我們設定格式為 2 位小數，則其顯示值應為 0.99，但仍出現 1。請參考下圖。

那麼，要如何讓儲存格出現顯示值而非實際值呢？請點選 **檔案 > 選項** 指令，在 Excel **選項** 對話方塊 **進階** 標籤的 **計算此活頁簿時** 區段中，勾選 ☑**以顯示值為準** 核取方塊，會出現提示訊息，按【確定】鈕。

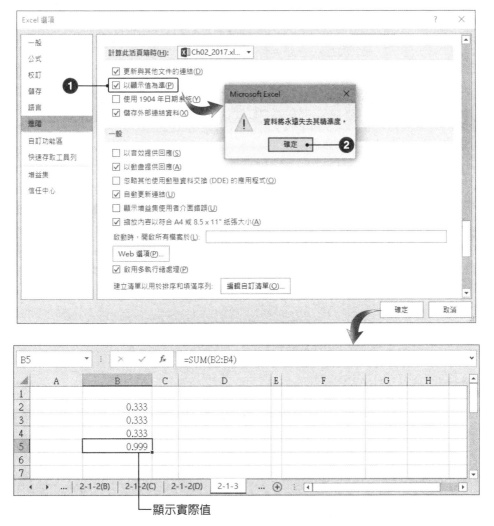

— 顯示實際值

🔵 **說明**

當啟用 ☑**以顯示值為準** 時，會遺失所有工作表中的數值精確度，且無法還原到原來數值。

有許多使用者在處理數字的進位問題時，會使用上述方法來處理，但是這樣的做法是頭痛醫頭、腳痛醫腳，雖然解決了眼前的問題，但卻非常容易產生其他的大問題！建議您使用 ROUND 函數來處理這類的問題，方為正確之道。如上例，我們在 F9 輸入函數「=ROUND(B9,0)」，則其值為 11，依此方法填滿 F10:F13 儲存格範圍，並於 F14 執行 SUM 函數（加總）的計算，則其結果為 54，即能達到避免進位誤差的目的。

輸入值（精確度差 1）⎯⎯⎯⎯⎯⎯⎯   以顯示值為準

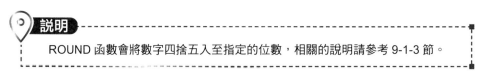

> **說明**
> ROUND 函數會將數字四捨五入至指定的位數，相關的說明請參考 9-1-3 節。

2-1-4　循環參照公式的處理

如果公式中其儲存格的 **參照位址**，是參照回自身的儲存格，則不論是直接或間接，都稱為 **循環參照**。當 Excel 開啟任何一個含有 **循環參照** 的活頁簿時，會出現警告訊息，Excel 也無法自動計算所開啟的活頁簿。您可以視需要移除循環參照，或是要求 Excel 使用反覆運算，將每一個與循環參照相關的儲存格計算一次。

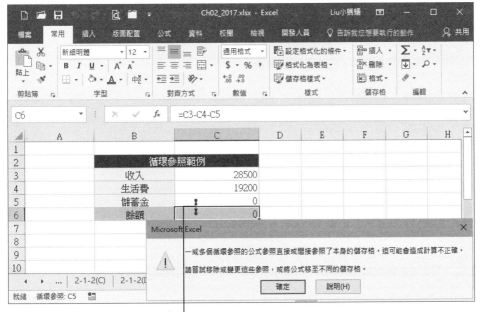

循環參照運算指標

> **說明**
>
> **反覆運算** 是重複計算工作表,直到符合特定數值條件;所以 **反覆運算** 的解答是
> **近似解**,因此,您必須知道所能接受的最大誤差。

　　在需要反覆運算求解循環參照的公式時,您必須先設定 **反覆運算** 的功能,
Excel 才能計算並求得它的近似解,其反覆運算的次數與最大誤差皆可自行設定,
請參考下列範例。

範例　反覆運算求得儲蓄金與餘額

　　小明預計將每月的收入扣除生活費之後,分配為儲蓄的金額是餘額的 0.8,而
餘額又視儲蓄金的多寡而定。若小明的收入為 28500,儲蓄金與餘額各為多少?

STEP**1** 在 C3 儲存格中輸入 28500;在 C4 儲存格中輸入 19200;在 C5 存格中輸
入「=C6*0.8」;在 C6 儲存格中輸入「=C3-C4-C5」,發現和預期產生的結
果不符。

接下頁 ➡

循環參照運算指標

STEP**2** 執行 **檔案 > 選項** 指令，在 Excel 選項 對話方塊 **公式** 標籤的 **計算選項** 區段中，勾選 ☑**啟用反覆運算** 核取方塊，設定 **最高次數** 與 **最大誤差** 值，按【確定】鈕。

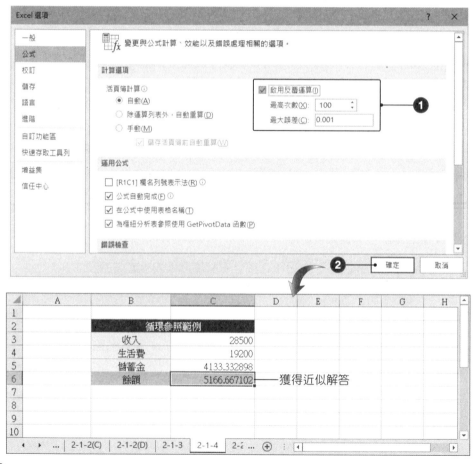

獲得近似解答

上例中 C3 儲存格為收入、C4 為生活費、C5 儲存格為儲蓄金（公式
=C6*0.8）、C6 儲存格為餘額（公式 =C2-C3-C4）。Excel 求解循環的公式，是使
用前一次反覆運算的結果，重新計算每一個涉及循環參照的儲存格數值。

2-2　使用偵錯工具

當您編修公式與函數時，無論所碰到的是何種情況，都必須將相關問題或錯
誤予以排除。此時，即需要熟悉 Excel 所提供的 **公式稽核** 功能來協助我們執行這
些修訂工作。

2-2-1　評估值公式

當我們所使用的公式，其內容相當複雜或包含 **巢狀函數**，此時又想了解其計
算過程或最後的結果，這將是一件很困難的工作，因為其中可能包含許多中繼計
算以及邏輯測試。但是，藉著使用 **評估值公式** 指令，即可看到計算公式的每一個
部分，他們會依序進行評估。接著，我們以範例說明其操作步驟，此範例所使用
的公式如下：

```
=IF(AVERAGE(B2:B5)>27,SUM(D2:D5))
```

範例　**使用評估值公式指令**

STEP**1**　選取想要評估的公式，請留意一次只能評估一個儲存格，執行 **公式 > 公式
稽核 > 評估值公式** 指令。

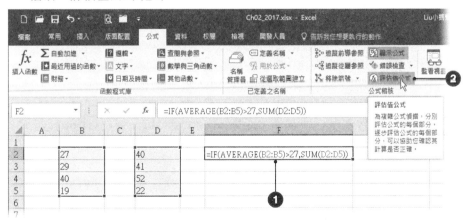

STEP**2** 出現 **評估值公式** 對話方塊，按【評估值】鈕，EXCEL 會開始檢查加底線的參照值，且會以「斜體字」顯示評估結果。

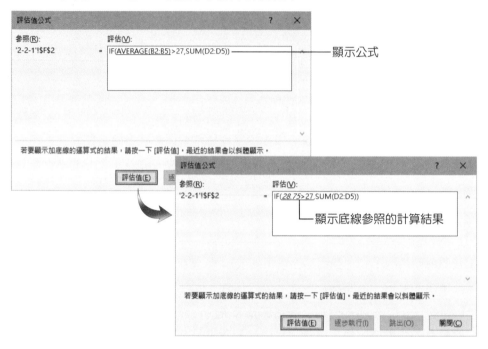

顯示公式

顯示底線參照的計算結果

STEP**3** 繼續作業，直到公式的每一個部分都評估完畢；若要重新檢視評估，請按【重新啟動】鈕；結束評估，請按【關閉】鈕。

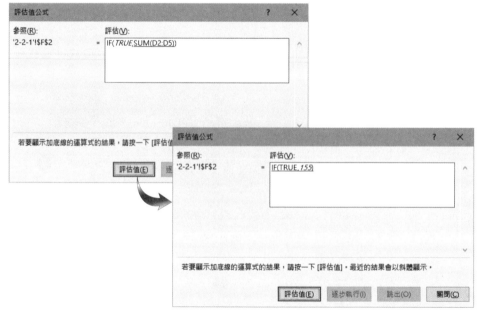

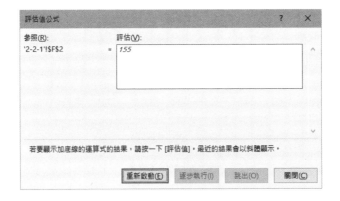

2-2-2 錯誤檢查

完成試算表的編輯工作之後，無論先前是否仔細檢查過其內容，於正式交出（列印）文件前，建議您使用 **錯誤檢查** 的功能，執行最後確認或校正工作。

範例 檢查工作表中的內容是否含有錯誤公式

STEP**1** 請先選擇要執行檢查的工作表，執行 **公式 > 公式稽核 > 錯誤檢查** 指令。

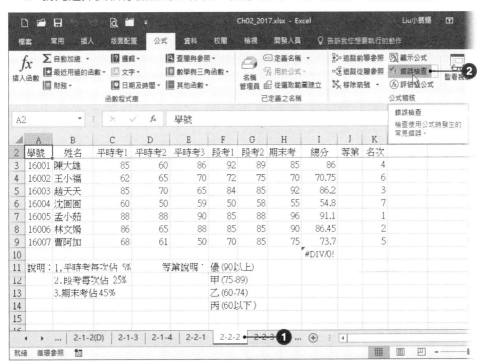

STEP**2** 出現 **錯誤檢查** 對話方塊,若工作表中有錯誤,會顯示錯誤的儲存格與錯誤的原因,按【下一個】鈕;如果有其他錯誤,會顯示「檢查已完成」訊息,按【確定】鈕。

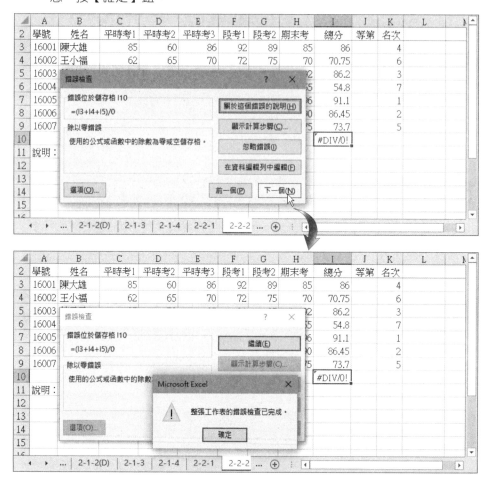

STEP**3** 在步驟 2 發現錯誤時,也可以直接按【顯示計算步驟】鈕,進入 **評估值公式** 對話方塊,再從頭計算一次,查閱每一步驟的詳細計算過程,找到錯誤原因。

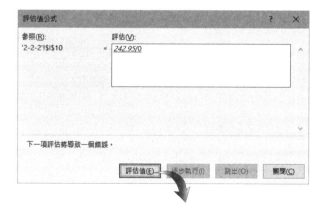

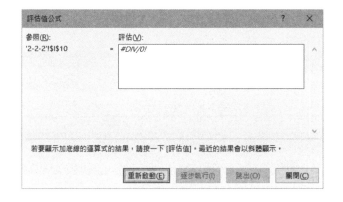

另外，出現錯誤資訊的儲存格，其旁邊會有一個 **智慧標籤**，執行清單中的 **顯示計算步驟** 指令，也可以進行錯誤檢查的工作。

	A	B	C	D	E	F	G	H	I	J	K	L	M
2	學號	姓名	平時考1	平時考2	平時考3	段考1	段考2	期末考	總分	等第	名次		
3	16001	陳大雄	85	60	86	92	89	85	86		4		
4	16002	王小福	62	65	70	72	75	70	70.75		6		
5	16003	趙天天	85	70	65	84	85	92	86.2		3		
6	16004	沈圓圓	60	50	59	50	58	55	54.8		7		
7	16005	孟小茹	88	88	90	85	88	96	91.1		1		
8	16006	林文娟	86	65	88	85	85	90	86.45		2		
9	16007	曹阿加	68	61	50	70	85	75	73.7		5		
10								! ▾	#DIV/0!				
11	說明：1.平時考每次佔 5%			等第說明：		優(90以上)		除以零錯誤					
12		2.段考每次佔 25%				甲(75-89)		關於這個錯誤的說明(H)					
13		3.期末考佔45%				乙(60-74)		顯示計算步驟(C)...					
14						丙(60以下)		忽略錯誤(I)					
15								在資料編輯列中編輯(F)					
16								錯誤檢查選項(O)...					

2-2-3 監看視窗

針對某些儲存格的重要計算內容，如果希望能隨時查看其運算變化，可以使用 **新增監看式** 來掌控。

範例 使用監看視窗掌控計算變化

STEP**1** 選擇本章範例的「2-2-3」工作表，選取 A2:B2 儲存格範圍，執行 **公式 > 公式稽核 > 監看視窗** 指令。

接下頁 ➡

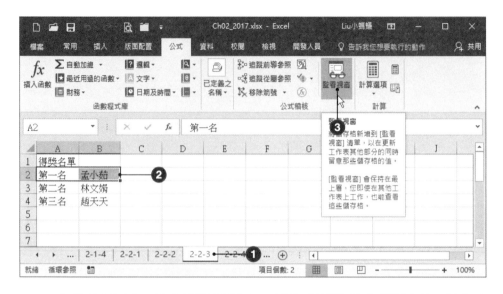

STEP**2** 出現 **監看視窗**，按【新增監看】鈕；開啟 **新增監看式** 對話方塊，請先確認儲存格位址是否正確，按【新增】鈕。

STEP**3** 重複步驟 2，依續加入 A3:B3、A4:B4 儲存格範圍的監看式。

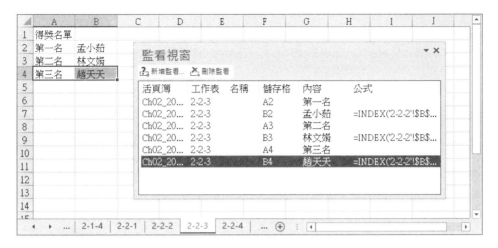

STEP4　如果要刪除指定的監看式，請在 **監看視窗** 中點選後按【刪除監看】鈕即可。

STEP5　選擇「2-2-2 工作表」，假設 D3 儲存格的資料 60 是輸入錯誤的資料，需要將其改為 95。請您留意在 **監看視窗** 中的變化，會自動更新結果。

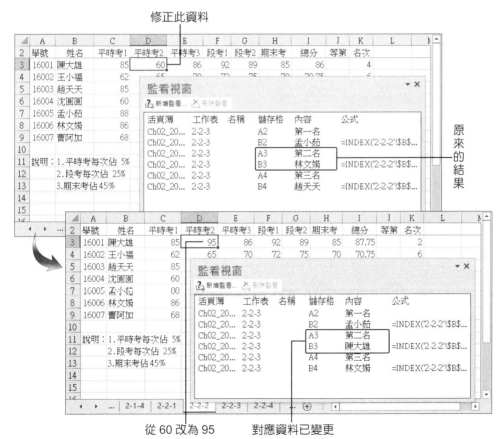

修正此資料

原來的結果

從 60 改為 95　　對應資料已變更

說明

關於 INDEX 與 MATCH 函數的使用方式,請參考 8-2 節的內容。

2-2-4 儲存格內容與公式的稽核

稽核 主要是在工作表中找到 **前導參照**、**從屬參照** 以及任何和儲存格有關的錯誤。Excel 能從 **作用儲存格** 繪製箭號到 **前導參照**、**從屬參照**,或是 **繪製箭號** 到可能有錯誤值的 **作用儲存格** 中。但如果 **作用儲存格** 的參照來源,是位於未開啟的活頁簿中,則這個指令無效。

追蹤前導參照

追蹤前導參照 是在具有彼此參照之儲存格間繪製箭號;這些儲存格是直接提供數值,供給 **作用儲存格** 中之公式使用(前導參照)。重複地選擇此指令可繪製箭號到 **前導參照** 的其他層次。**追蹤前導參照** 可以查看所選定的儲存格到底用了哪些其他的儲存格。

範例 追蹤公式中的前導參照

STEP**1** 請選取欲追縱的儲存格,執行 **公式 > 公式稽核 > 追蹤前導參照** 指令。

追蹤箭號

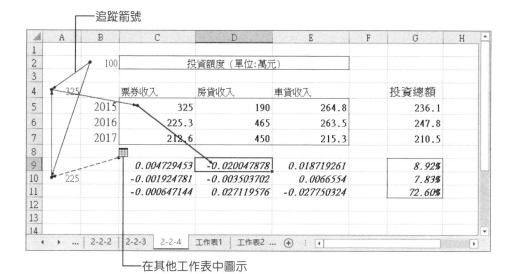

在其他工作表中圖示

STEP**2** 若要移除 **前導參數** 箭號，請點選 **公式 > 公式稽核 > 移除箭號 > 移除前導參**
照箭號 指令，即可將 **前導參數** 的箭號一一移除。

説明

儲存格公式所參照到的其他儲存格，會產生一個箭頭符號指向此儲存格。如果 **作**
用儲存格 沒有包含 **公式**，則這個指令無效。

追蹤從屬參照

追蹤從屬參照 是在具有彼此參照之儲存格間繪製箭號；這些儲存格是直接使用 **作用儲存格** 中之公式數值（從屬參照）。重複選擇此指令，可繪製箭號到 **從屬參照** 的其他層次。**追蹤從屬參照** 可以查看所選定的儲存格到底用了哪些其他的儲存格。

範例　追蹤公式中的從屬參照

STEP**1**　請選取欲追縱的儲存格。

STEP**2**　執行 **公式 > 公式稽核 > 追蹤從屬參照** 指令。

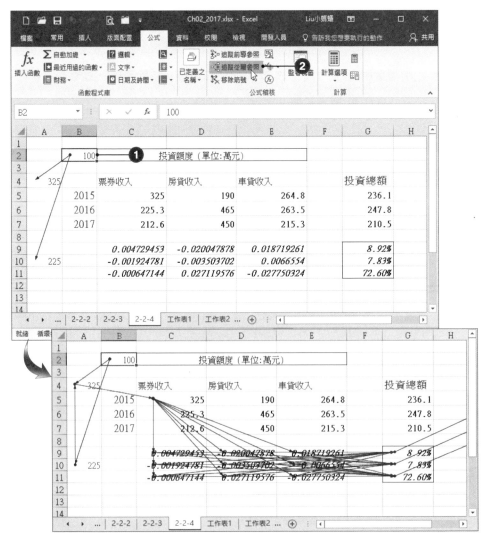

如果 **作用儲存格** 的 **前導參照** 或 **從屬參照**，在其他工作表或其他活頁簿上，仍然可以追蹤得到，只要在標示有「工作表圖樣」的箭頭上快按二下，即可獲得相關訊息。

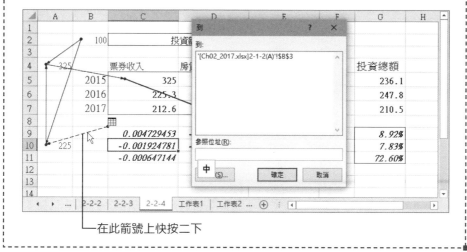

└─ 在此箭號上快按二下

追蹤錯誤

追蹤錯誤 是指在 **作用儲存格** 的錯誤值繪製「追蹤箭號」，指向可能導致該項錯誤的儲存格。**紅色箭號** 是指到第一個包含錯誤的 **前導參照** 公式；**藍色箭號** 則是從第一個包含錯誤的公式，指向包含 **前導參照** 數值的儲存格。**作用儲存格** 必須包含「錯誤值」，否則這個指令會無效。

範例 **追蹤公式中的錯誤參照**

STEP**1** 選取您欲追縱包含錯誤值的儲存格。

STEP**2** 執行 **公式 > 公式稽核 > 錯誤檢查 > 追蹤錯誤** 指令。

接下頁 ➡

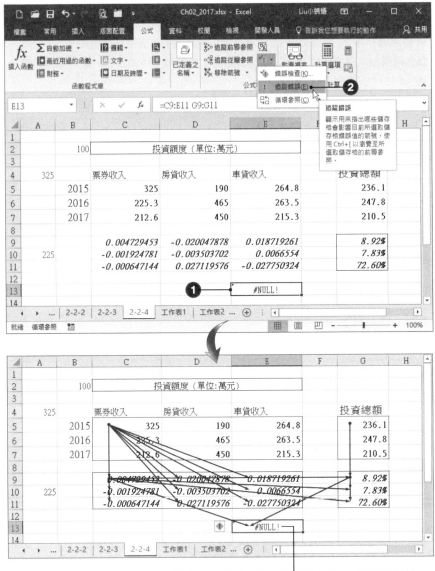

原公式是求得二個範圍的交集區，但這二個儲
存格範圍沒有交集，所以出現 #NULL! 錯誤訊息

Chapter 3

文字函數集

3-1 編修字元

3-2 設定貨幣格式

3-3 處理字串

雖然 Excel 是試算表軟體，用以執行計算性的工作，但是針對儲存格內的文字資料，仍然提供許多必備的功能，好讓使用者可以順利地處理相關工作。

3-1 編修字元

這一節所談的字元編修，所指的不是文書處理軟體中的排版或格式化工作，而是針對儲存格內的文字，進行必要的合併、分割，或配合數值資料進行其格式的設定。

3-1-1 變更資料的屬性

在一般情況下，Excel 會以預設方式處理使用者所輸入的資料，因此當您輸入數字時，即會被自動歸類為「數值」；輸入日期或時間資料時，即歸類為「日期」屬性。如果不希望這些資料，以預設的屬性呈現或產生不必要的運算，可以將其轉換為「文字」屬性。執行轉換資料屬性的工作有二種方法，我們以實例說明如下。

範例 **將數值或日期格式資料變更文字屬性**

STEP**1** 如下圖所示，B2、C2 儲存格分別為數值與日期格式的資料，請先選取儲存格範圍後，按 **常用 > 數值** 功能區群組中的 **對話方塊啟動器** 鈕。

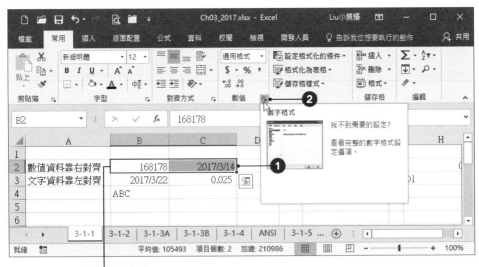

數值資料靠右對齊

STEP**2** 出現 **儲存格格式** 對話方塊的 **數值** 標籤，選擇 **文字** 類別，按【確定】鈕。

變更為文字類別後，資料靠左對齊

STEP**3** 重新輸入數值資料，則儲存格左側會出現 **智慧標籤**，提醒您此儲存格的資料為文字屬性。

請於 C4 儲存格輸入公式「=C2+C3」，按 Enter 鍵後將會發現這個公式不會進行任何計算，其原因就是這二個儲存格不是數值資料。

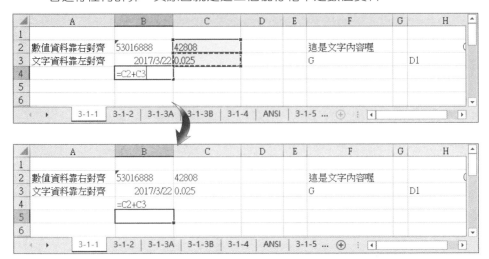

STEP**5** 如果要轉回數值資料，則可以點選 **智慧標籤**，再點選 **轉換成數字** 指令。

進行編輯試算表的工作時，如果希望了解儲存格資料是何種屬性，可以使用下列幾個函數來判斷。

ISTEXT 函數

ISTEXT 函數只有一個引數，藉由此函數的運算，如果引數內容為文字，則傳回 TRUE；如果不是，則傳回 FALSE。

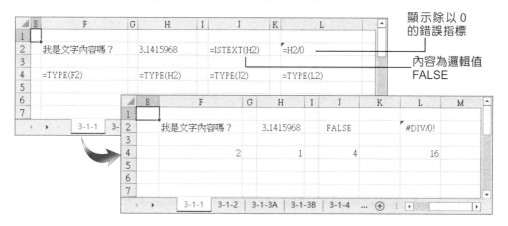

TYPE 函數

TYPE 函數只有一個引數，如果引數內容為文字，則傳回 2；如果為數字則傳回 1；如果為邏輯值，則傳回 4；如果為錯誤值，則傳回 16。

顯示除以 0 的錯誤指標

內容為邏輯值 FALSE

CELL 函數

CELL 函數有二個引數，主要是依據引數內容，傳回儲存格範圍左上角儲存格的格式、參照位址或內容（詳細的使用方法，請參考第九章的說明）。如果儲存格內容為文字，則會傳回 G；如果不是文字，則會傳回其他代碼。

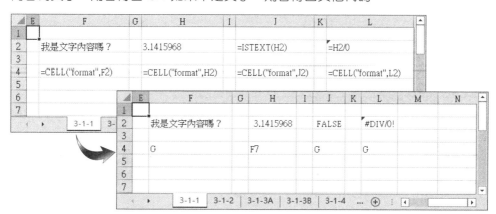

3-1-2　變更英文字的大小寫

輸入資料或整理一些文字記錄時，其中有些是英文字母的內容，為了易於檢視與管理，可以視需要將這些英文字母轉為字首大寫、全部大寫或全部小寫。

UPPER 函數

UPPER 函數主要是將英文字全部轉為大寫，僅有一個引數，此引數是定義文字來源的儲存格。

LOWER 函數

LOWER 函數是將英文字串，轉為小寫字母，但不會變更字串中的非英文字母，其引數只有一個，是指文字來源的儲存格。

PROPER 函數

PROPER 函數是將英文字字串的第一個字元，或是任何非英文字母之後的第一個英文字元轉為大寫；其他英文字母轉為小寫。

	A	B	C	D	E	F
	D5		fx	=PROPER(C5)		
1						
2	姓名	轉換大寫	車牌	首字轉大寫轉換小寫	電子郵件	轉換小寫
3	Frank	FRANK	767-MDR	767-Mdr	FRANK@SEED.NET.TW	frank@seed.net.tw
4	Sharon	SHARON	NU-5152	Nu-5152	SHARON@HOTMAIL.COM	sharon@hotmail.com
5	Richard	RICHARD	GE-2589	Ge-2589	RICHARD@MSN.COM	richard@msn.com
6	Linda	LINDA	1815-HP	1815-Hp	LINDA@YAHOO.COM	linda@yahoo.com
7	Lucy	LUCY	GD-8668	Gd-8668	LUCY@HOTMAIL.COM	lucy@hotmail.com
8						
9						

3-1-1　3-1-2　3-1-3A　3-1-3B　3-1-4　ANSI　3-1-5 ...　⊕

3-1-3　合併與分割資料

　　針對儲存格中的內容，使用者可視需要隨時合併其資料，甚至將數字與文字資料混合處理，也可以將其依不同狀況加以分割。

合併二個或多個儲存格

　　Excel 提供了連接字串符號「&」，讓您可以使用公式將二個或多個儲存格資料合併在一起。例如：

```
=A1&C1
=C1&" 找 "&A1
=A1&E1&G1
```

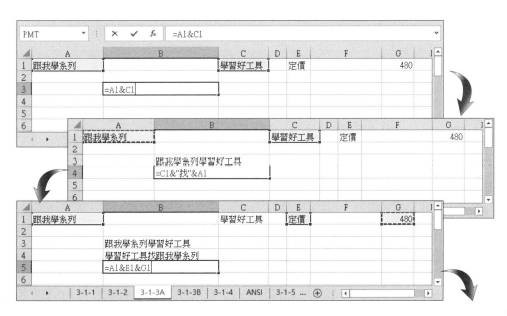

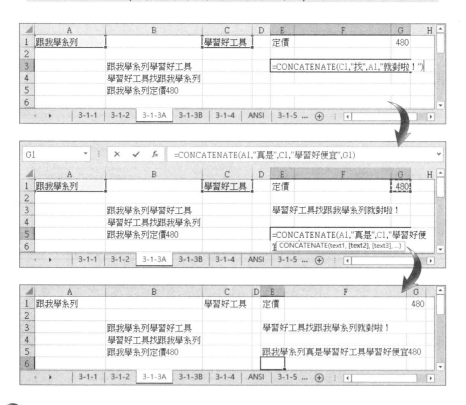

CONCATENATE 函數

CONCATENATE 函數可以將多個儲存格資料連接成單一字串,這些儲存格內容可以是文字字串、數值或儲存格位址。例如:

=CONCATENATE(C1," 找 ",A1," 就對啦!")
=CONCATENATE(A1," 真是 ",C1," 學習好便宜 ",G1)

> **說明**
>
> 點選含有函數的儲存格,按 **資料編輯列** 上的 **插入函數** f_x 鈕,可以透過 **函數引數** 對話方塊,進一步瞭解該函數與計算結果。

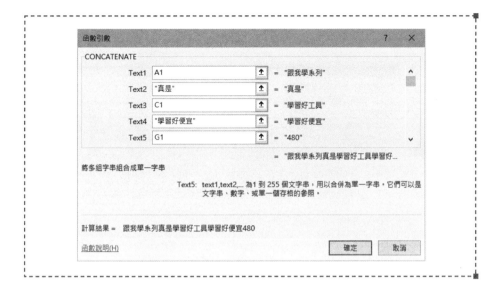

將字串分割至多個儲存格

使用 **資料剖析** 指令，可以協助我們將指定字串分割至多個儲存格中。

範例 分割地址字串

STEP**1** 選取要分割字串的儲存格範圍，執行 **資料 > 資料剖析** 指令。

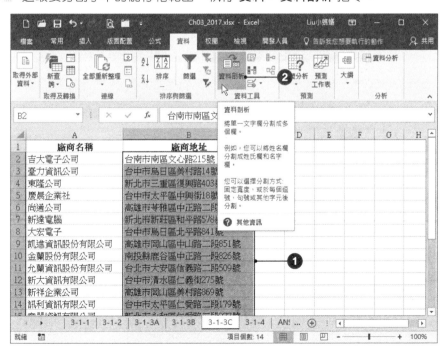

STEP**2** 出現 **資料剖析精靈 - 步驟 3 之 1** 對話方塊，點選 ⊙**固定寬度** 選項，按
【下一步】鈕。

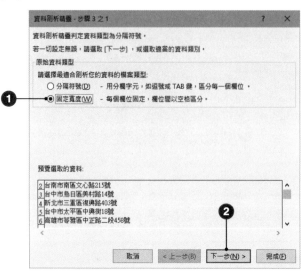

STEP**3** 在 **資料剖析精靈 - 步驟 3 之 2** 中，使用滑鼠點選您要分割的寬度，按【下
一步】鈕。

説明

如果要調整位置，請直接拖曳分欄線；如果要清除分欄線，則在分欄線上快按
二下。

STEP**4** 在 **資料剖析精靈 - 步驟 3 之 3** 中,選擇各個 **欄位的資料格式**,按【完成】
鈕,即可完成分割字串的工作。

地址分割之後的結果

　　如果在原始字串資料中,已經預留 **空格**、**底線**、**逗點**…等分割字元,則在使
用 **資料剖析精靈** 時,於 **步驟 3 之 1** 中就可以點選 ⊙ **分隔符號** 選項,並在 **步驟 3
之 2** 中勾選所要套用的 **分隔符號** 字元,如此即能將相關字串執行分割,請參考下
列圖解。

接下頁 ➡

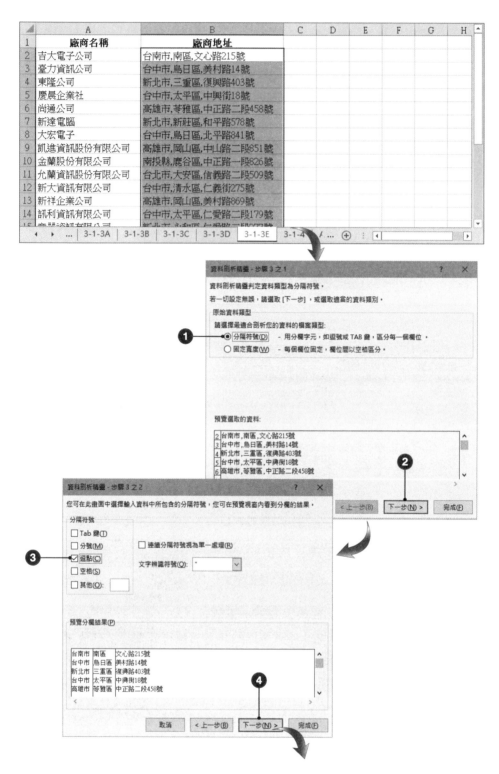

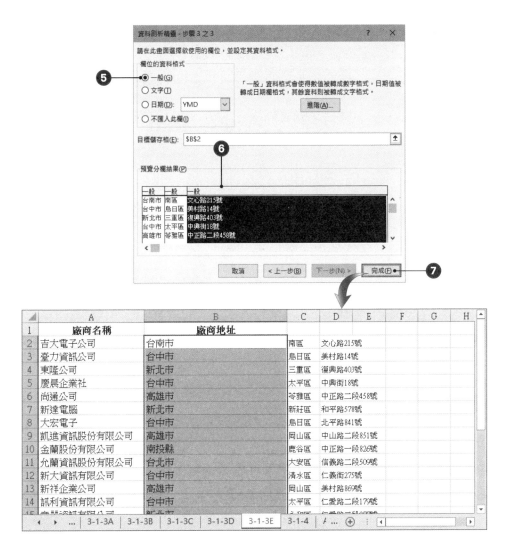

3-1-4 CHAR 與 CODE 函數

CHAR 與 CODE 函數主要是將電腦所代表的字串號碼，傳回給使用者，以利進行其他後續處理的工作。其中，CHAR 函數是電腦集合字元的代表號碼，顯示為一般文字，例如：CHAR(65) 是大寫的 A、CODE(33) 是驚嘆號 (!)。您可以參考下表所顯示的 ANSI 字集對照表。

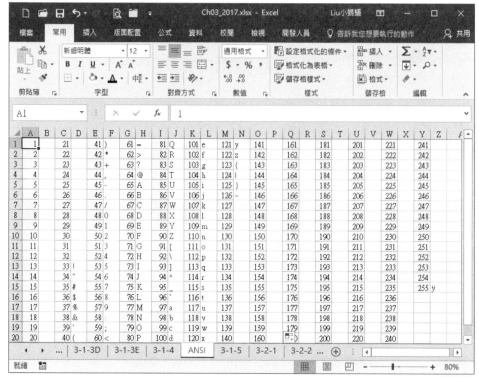

ANSI 字集對照表

　　CODE 函數則是將字串資料中，第一個字的號碼傳回給使用者，例如：在 A5 儲存格輸入「CODE("King")」，其傳回值為 75；若輸入：「CODE(" 美女與野獸 ")」，則傳回值為 44284，分別代示「K」與「美」字元的代碼。

傳回值為 75

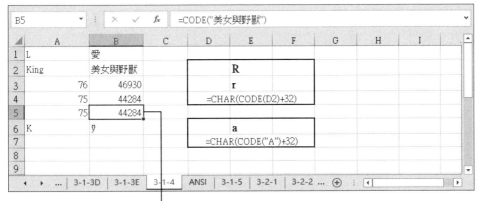

傳回值為 44284

另外，針對英文字元的處理，其大小寫所代表的號碼是相差 32，所以輸入如下的函數，能轉換大寫為小寫字元。

```
=CHAR(CODE(E2)+32)
=CHAR(CODE("A")+32)
```

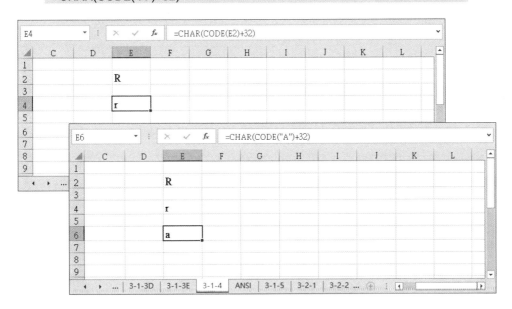

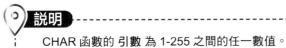

說明

CHAR 函數的 引數 為 1-255 之間的任一數值。

3-2　設定貨幣格式

在 Excel 工作表中輸入數值，再套用指定的格式，是一項基本的操作技巧。但有些時候，想要使用自訂的貨幣格式時，應該如何處理呢？在這裡提供二種方法，請您視工作上的需要，選擇適合的方法應用。

3-2-1　使用公式與 DOLLAR 函數

舉例來，若希望在 A1 儲存格顯示的資料是「總金額：$9999.99 元」，可以輸入下列公式並配合 DOLLAR 函數，達到要求。

=" 總金額："& DOLLAR(999,9900,2) &" 元 "

A2	▼	:	×	✓	fx	="總金額：" & DOLLAR(3689.992,2)&"元"	✓

	A	B	C	D	E	F	G
1							
2	總金額：$3,689.99元						
3	*****						
4	總金額：*****$3,689.99元						
5							
6							
7							

◀ ▶ ... ｜ 3-1-3D ｜ 3-1-3E ｜ 3-1-4 ｜ ANSI ｜ 3-2 ｜ ... ⊕ ｜ ◀ ｜ ▶

另外，可以視情況，在指定的位置補上「*」或「-」符號，用來取代「空白」的位置，其公式如下：

=" 總金額："& TEPT(*,5) & DOLLAR(999.99,2) &" 元 "

A4	▼	:	×	✓	fx	="總金額：" &REPT("*",5) & DOLLAR(3689.992,2)&"元"	✓

	A	B	C	D	E	F	G	H
1								
2	總金額：$3,689.99元							
3	*****							
4	總金額：*****$3,689.99元							
5								
6								
7								

◀ ▶ ... ｜ 3-1-3D ｜ 3-1-3E ｜ 3-1-4 ｜ ANSI ｜ 3-2 ｜ 3-3-1 ｜ ... ⊕ ｜ ◀ ｜ ▶

 說明

使用上述方式所顯示的資料，Excel 不會將其視為數值，因此不能進行計算。

3-2-2 使用「格式 > 數值」功能區指令

透過 **儲存格** 指令執行格式化的處理時，仍然可以加上字元，也可以在所要的位置加入重複字元。使用此方法所顯示的資料，仍然是數值屬性，可以用於計算工作。

範例 設定貨幣格式

STEP**1** 先在所要的儲存格輸入數值，點選 **常用 > 數值** 功能區群組中的 **對話方塊啟動器** 🡒 鈕。

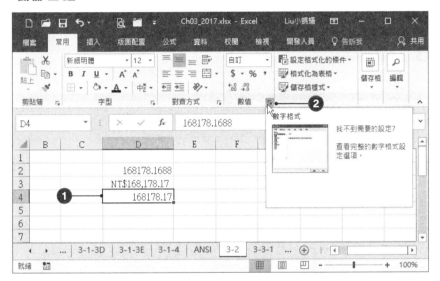

STEP**2** 出現 **儲存格格式** 對話方塊的 **數值** 標籤，在 **類別** 清單中選擇 **貨幣** 項目；選擇您要的 **符號** 與所要設定的 **小數位數**。

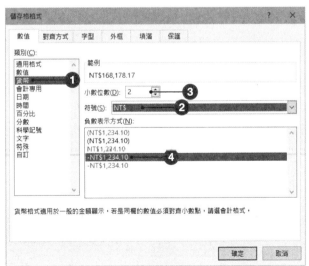

STEP3 在 **類別** 清單中選擇 **自訂** 項目;於 **類型** 輸入方塊自行加入所要顯示的文字,按【確定】鈕。此範例的自訂格式如下:

" 總金額:NT$"**#,##0.00

説明

自訂格式中之所以加上二個「*」符號,其意義是指重複顯示「*」符號。

3-3　處理字串

工作表中各個儲存格的字串資料，會因為使用者輸入或系統設定的關係，產生一些不必要的字串或空格，那麼應該如何正確地找到它們，或刪除這些多餘的字元呢？

3-3-1　使用 TRIM 函數移除儲存格中多餘的字元

當我們在儲存格中，因為輸入或匯入資料時，在字串中多出了許多空白字元，例如：下圖所示的 C1 與 D1 儲存格，可以使用 TRIM 函數，來處理這些儲存格中多餘的字元。

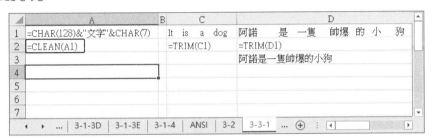

不過，在中文字串中，要特別留意！當我們使用 TRIM 函數之後，並不會達到去除所有空白儲存格的目的，它僅能做到每一個字元間留有一個空白，所以還得使用手動方式刪除。

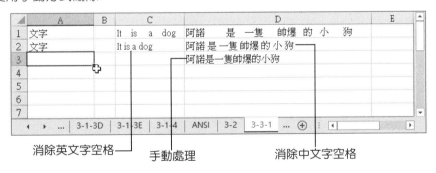

消除英文字空格　　　手動處理　　　消除中文字空格

另外，針對一些系統加上的無法列印字元，例如：CHAR(128)、CHAR(7)，可以使用 CLEAN 函數清除這些看不見又無法列印的字元。

3-3-2　尋找與取代字元函數

當我們需要在工作表或某一儲存格中尋找字串資料時，可以使用 **尋找** 與 **取代** 指令處理。但如果有一些特別要求時，就不是那麼方便。因此，可以透過 FIND、SEARCH、REPLACE 與 SUBSTITUTE…等函數來處理。

FIND 函數

FIND 函數會在文字字串中尋找另一個文字值，如果為英文字，會將大小寫視為不同的文字。

首先，請參考下圖，在 A2 儲存格中輸入字串資料；接著，在 A3 儲存格輸入函數「=FIND(" 中 ",A2)」，即會得到數字「2」，其意義：找到 A2 儲存格內的「中」這個字，而它是該字串的第 2 個字。

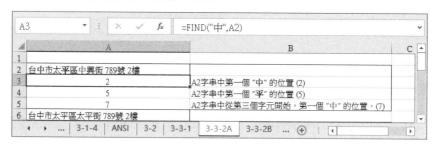

如果將函數改寫為「=FIND(" 中 ",A2,3)」，則會得到數字「7」，其意義是從 A2 儲存格內的第 3 個字元開始，找到「中」這個字，而它是位於該字串的第 7 個字。

SEARCH 函數

SEARCH 函數會在文字字串中尋找另一個文字值，如果為英文字，會將大小寫視為相同的文字。雖然它的使用方法與 FIND 函數一樣，但如果要使用「萬用字元」的方式尋找字串資料，只能使用 SEARCH 函數。

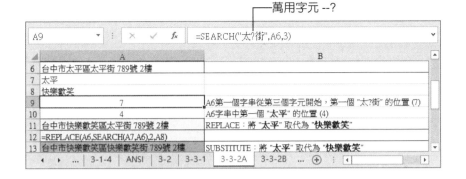

REPLACE 與 SUBSTITUTE 函數

透用 SEARCH 函數找到所要的字串資料之後，可以再使用 REPLACE 或 SUBSTITUTE 函數執行取代字串的工作。

◖ **REPLACE 函數**：取代文字字串中指定位置的字元。

___語法___

REPLACE(原始字串、起始位置、取代字串長度、新字串)

◖ **SEARCH 函數**：在文字中使用新文字來取代舊文字。

___語法___

SUBSTITUTE(原始字串，被取代字串，新字串，第幾組)

下圖所示的範例是將 A6 儲存格的原始字串，從第 4 個字元起，將「太平」二個文字，以「快樂歡笑」取代；但第 7 個字元起的「太平」二個字並沒有被取代。

下圖所示的範例是將 A6 儲存格的原始字串，將「太平」二個字，全部以「快樂歡笑」新字串取代；如果不要全部取代，則可以在最後一個引數，輸入所要取代的第幾組的數值。

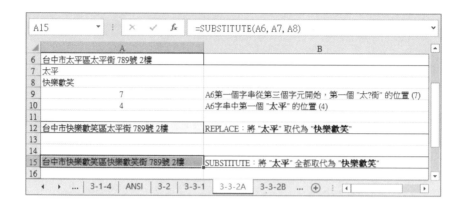

3-3-3　使用尋找與取代指令

　　完成一件工作之後，偶爾會發現有許多筆完全一樣的資料或公式需要做修改，如何找到這些資料並修訂呢？如果沒有適當的方法，將是一件相當繁瑣的事，而且無法確保所有的資料都被尋獲與取代。這一小節將詳細說明 **尋找** 與 **取代** 指令，讓您能從其中了解使用指令與函數的差異。

尋找資料

　　使用者可以透過 **常用 > 編輯 > 尋找與選取 > 尋找** 指令，在工作表或活頁簿中尋找公式、數值、文字或附註，且能迅速地標定此資料所在的儲存格位置。

範例　**尋找活頁簿中的特定資料**

STEP**1**　點選欲尋找資料的工作表，執行 **常用 > 編輯 > 尋找與選取 > 尋找** 指令。

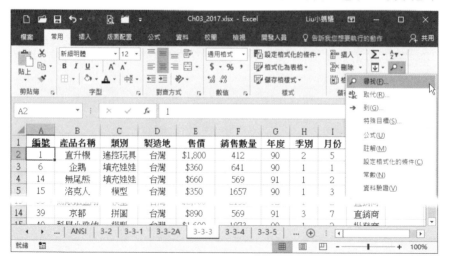

STEP**2** 出現 **尋找及取代** 對話方塊，在 **尋找目標** 方塊中，輸入欲尋找的資料；在 **搜尋 (L)** 下拉清單中，選擇其中一個項目；在 **搜尋 (S)** 下拉清單中，選擇 **循列** 或 **循欄** 順序；在 **搜尋範圍** 下拉清單中，選擇 **工作表** 或 **活頁簿**；視需要勾選 ☑**大小寫須相符**、☑**儲存格內容須完全相符** 及 ☑**全半形須相符** 核取方塊。

- **公式**：搜尋內容為公式的儲存格。
- **內容**：搜尋內容為數值的儲存格。
- **註解**：搜尋內容為註解的儲存格。

STEP**3** 如果搜尋的資料是有特定的格式設定，則可以按【格式】鈕，設定要尋找的格式；如果要清除格式，請點選【格式】鈕旁邊的 ▼ 鈕，再執行其中的 **清除尋找格式** 指令。

STEP**4** 選擇【全部尋找】鈕或【找下一個】鈕，Excel 會開始尋找資料；尋獲資料後，會列於下方的清單中。

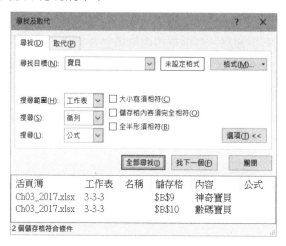

STEP**5** 只要在所找到的列示清單中，以滑鼠點選要查看的項目，即可跳到活頁簿對應的位址。

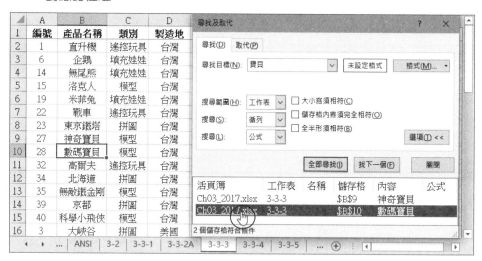

> **說明**
>
> 輸入 尋找目標 的內容時，也可以使用 萬用字元「*」或「?」來替代某些不確定字元，方便您執行尋找的工作。

取代資料

取代 指令,是一個相當方便又能發揮強大功能的指令。它可以一面尋找資料,一面執行取代作業。

範例 尋找並取代活頁簿中的特定資料

STEP**1** 點選欲尋找資料的工作表,執行 **常用 > 編輯 > 尋找與選取 > 取代** 指令。

STEP**2** 出現 **尋找及取代** 對話方塊,在 **尋找目標** 方塊中輸入欲尋找的資料、在 **取代成** 方塊中輸入欲取代的資料;在 **搜尋範圍** 下拉清單中,選擇 **工作表** 或 **活頁簿**;在 **搜尋 (S)** 清單中,選擇 **循列** 或 **循欄**;視需要勾選 ☑**大小寫須相符**、☑**儲存格內容須完全相符**、☑**全半形須相符** 核對方塊。

STEP**3** 先按選擇【全部尋找】鈕,Excel 開始尋找資料;尋獲資料後,會列於下方的清單中;在清單中點選您要的項目,按【取代】鈕;若要全部取代,則按【全部取代】鈕。

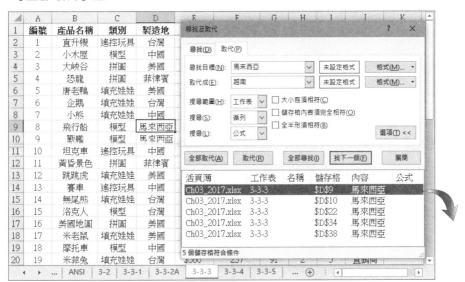

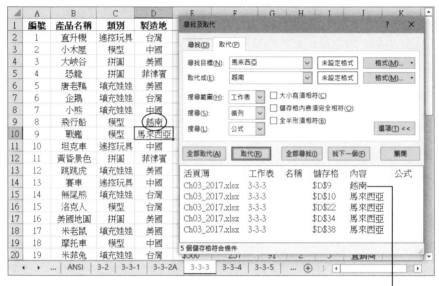

被取代的資料

說明

在 **尋找目標** 輸入方塊中,針對無法輸入的特殊字元,可以在本文先執行 **複製**,然後再回到對話方塊的 **尋找目標** 中,同時按 Shift + Insert 鍵將來源貼入。

3-3-4 擷取字串中特定位置的字元

針對某些字串資料,如果要擷取特定位置的字串,則可以使用 LEFT、RIGHT、MID、LEN 函數。

● **LEN 函數:**傳回文字字串的字元數。

語法

LEN(字串資料)

下圖所示的範例,**A5** 儲存格的顯示值,是從 **A1** 儲存格的原始字串中,傳回該文字字串中的字元數。

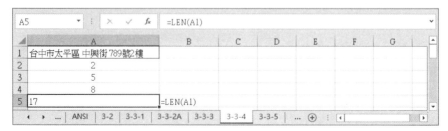

LEFT 函數：傳回文字字串中最左邊的字元。

__語法__

LEFT(字串資料 , 擷取字元數)

下圖所示的範例，A7 儲存格的顯示值，是從 A1 儲存格的原始字串，自左邊算起擷取 3 個字—「台中市」。

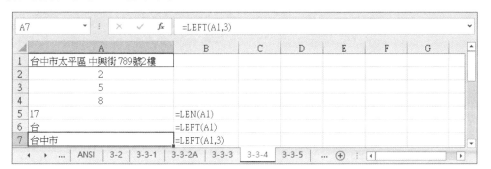

RIGHT 函數：傳回文字字串中最右邊的字元。

__語法__

RIGHT(字串資料 , 擷取字元數)

下圖所示的範例，A7 儲存格的顯示值，是從 A1 儲存格的原始字串，自左邊算起擷取 3 個字—「台中市」。

MID 函數：從文字字串中的指定位置開始，傳回特定的字元數。

__語法__

MID(字串資料 , 從第幾個字元起 , 擷取字元數)

接下頁 ➡

下圖所示的範例，A7 儲存格的顯示值，是從 A1 儲存格的原始字串，自左邊算起第 4 個字，共擷取 7 個字「太平區 中興街」。

A10		✕ ✓ fx	=MID(A1,4,7)				
	A	B	C	D	E	F	G
1	台中市太平區 中興街 789號2樓						
2	2						
3	5						
4	8						
5	17	=LEN(A1)					
6	台	=LEFT(A1)					
7	台中市	=LEFT(A1,3)					
8	樓	=RIGHT(A1)					
9	號2樓	=RIGHT(A1,3)					
10	太平區 中興街	=MID(A1,4,7)					

ANSI | 3-2 | 3-3-1 | 3-3-2A | 3-3-3 | **3-3-4** | 3-3-5

3-3-5 擷取日期字串

在 Excel 中日期格式是一個特定的資料格式，可以設定為西元日期格式、中式的日期格式；另外，如果將日期資料設定為 **通用** 格式，則會出現對應的數值。

在工作表中，如果希望針對某一儲存格的日期資料，將其年、月、日分別擷取，並放在不同的儲存格，應該如何處理呢？這一小節將提供下列二種方式，您可以視需要擇一來使用。

範例 使用 YEAR、MONTH、DAY 函數，**擷取日期字串並分割年、月、日**

STEP**1** 開啟範例檔案後，選擇「3-2-4」工作表，或自己在 Excel 工作表中輸入一些日期資料。

STEP**2** A8 儲存格資料為「2007/3/23」，選取 B7 儲存格輸入「=YEAR(A8)」，即會得到 2007。

STEP**3** 分別在 C7、D7 儲存格輸入「=MONTH(A8)」、「=DAY(8)」，即會分別顯示 3 與 23。

	A	B	C	D	E
9					
10					
11		=YEAR(A12)	=MONTH(A12)	=DAY(A12)	
12	2017/3/23	2017	3	23	
13					
14					

ANSI | 3-2 | 3-3-1 | 3-3-2A | 3-3-3 | 3-3-4 | **3-3-5**

有些時候，Excel 工作表的資料是由其他文件中匯入，而所得到的日期資料，可能是一個文字字串格式，此時即可使用 LEFT、MID、RIGHT 函數來處理，請參考下圖。

	A	B	C	D	E
5					
6		年	月	日	
7		=LEFT(A8,4)	=MID(A8,6,2)	=RIGHT(A8,2)	
8	2017年03月23日	2017	03	3日	
9					
10					

◄ ► ... | ANSI | 3-2 | 3-3-1 | 3-3-2A | 3-3-3 | 3-3-4 | 3-3-5 | ... ⊕

範例 使用 TEXT 函數配合 LEFT、MID、RIGHT 函數，擷取日期字串並分割年、月、日

如果儲存格的資料仍然是日期格式，但期望所擷取的數值是中式的「年、月、日」，可以先使用 Text 函數將日期格式轉為文字格式，但很重要的一點是其引數的定義。在此範例中，使用 =Text(A3,"emmdd") 即是用中式日期格式轉為文字格式。請參考以下圖例練習。

	A	B	C	D
1		年	月	日
2		=LEFT(TEXT(A3,"emmdd"),3)	=MID(TEXT(A3,"emmdd"),5,2)	=RIGHT(TEXT(A3,"emmdd"),2)
3	中華民國106年03月23日	106	3	23
4				
5				

◄ ► ... | ANSI | 3-2 | 3-3-1 | 3-3-2A | 3-3-3 | 3-3-4 | 3-3-5 | 3-3· ... ⊕

3-3-6 擷取檔名

很多時候，在儲存格中的資料，包含了一個完整路徑的檔案名稱，而我們僅需要擷取它的檔名。如果僅有少數幾個儲存格，那很簡單，只要用手動方式刪除不要的字元；但如果是資料庫格式，且路徑又各不相同時，就不能一個一個手動刪除了。在此提供下列公式，以便您應用在擷取檔名的工作上。

```
=MID(A1,FIND("*",SUBSTITUTE(A1,"\","*",LEN(A1)-
LEN(SUBSTITUTE(A1,"\",))))+1,LEN(A1))
```

有關此公式的詳細解說，請參考以下附圖。

接下頁 ➡

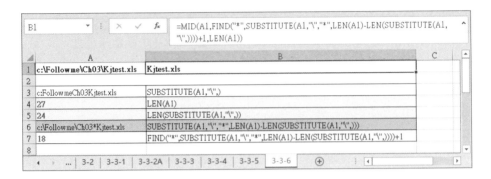

如果您想要仔細了解此公式的運算過程，可以執行 **公式 > 公式稽核 > 評估值公式** 指令，在其對話方塊中，點選【評估值】鈕，即能明白每一個步驟的計算結果

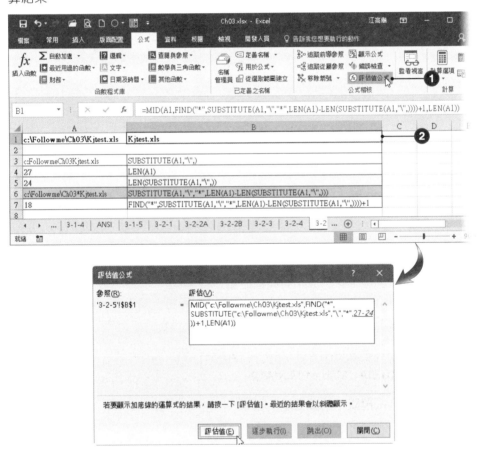

Chapter 4

日期與時間函數

4-1　輸入日期與時間的基本原則

4-2　顯示日期與時間資料

4-3　計算日期與時間

日期與時間在 Excel 工作表的使用非常頻繁，使用者必須熟悉其相關函數的應用，以便在進行工作時，可以更順手更有效率！

4-1 輸入日期與時間的基本原則

在 Excel 輸入日期時，僅能輸入西元格式（2017/05/12），不能直接輸入繁體日期格式。當需要將日期當成引數時，例如：計算利息、工程進度…等，先決條件是這些「日期 / 時間」必須是 Excel 能辨識的格式。

如果儲存格設定為 **通用** 或 **數值** 格式，則輸入之後會於儲存格中顯示數值，它所代表的意義為：自 1900 年 1 月 1 日星期日為起始日開始計算，數值設定為1，每 24 小時為 1 日；時間以午夜零時（00:00:00）為起始時間，數值設定為0.0，範圍是 24 小時，累計至您輸入的日期。例如：輸入「2016/12/25」會顯示為「42729」；輸入「2016/12/25 10:28」則會顯示為「42729.43611」。

延伸閱讀

雖然輸入日期 / 時間時，Excel 會依據系統日期自動辨識，但仍無法完全解決千禧年日期設定的問題，若輸入的日期年份為 2 位數，則會產生以下狀況；因此建議您以 4 位數方式輸入日期，以免出錯。

- 輸入的範圍介於 00~29 之間，Excel 會自動轉換成 2000~2029 年。（若希望輸入的年份為 1900~1929 之間，必須輸入 4 位數。）
- 輸入的範圍介於 30~99 之間，Excel 會自動轉換成 1930~1999 年。（若希望輸入的年份為 2030~2099 之間，必須輸入 4 位數。）

4-1-1 輸入日期或時間

Excel 會依據所輸入的資料自動辨識是否為「日期 / 時間」，當您輸入的資料不是「日期 / 時間」格式時，Excel 會將其當成文字。

- 如果要輸入日期，請使用 **斜線符號（/）** 或 **連字號（-）** 分隔日期年、月、日，例如：輸入「3/14/2016」或「14-Mar-2016」。
- 如果要輸入 12 小時制的時間，請先輸入時間再於後面加上一個 **空格**，最後輸入 a 或 p，例如：晚上 9 點，要輸入「9:00 p」；否則，Excel 會輸入上午的時間。

範例　使用滑鼠「拖曳填滿」方式輸入日期或時間數列

STEP**1** 選定一個儲存格，輸入數列的起始值，例如：「2017/3/12」，並將滑鼠指標移至右下角的 **填滿控制點**，按住滑鼠左鍵向右拖曳至數列的全部範圍。

STEP**2** 鬆開滑鼠按鍵之後，會出現 **自動填滿選項** 智慧標籤，執行清單中的 **以年填滿** 指令。

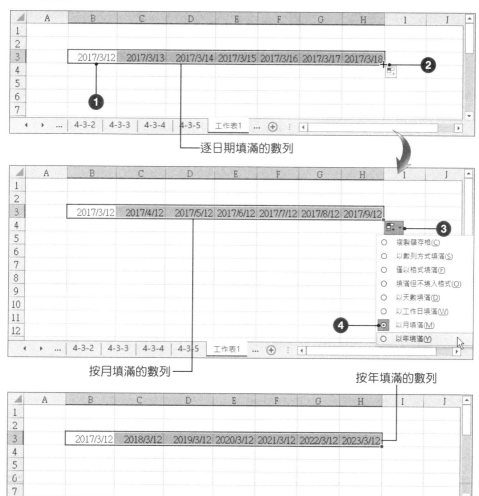

逐日期填滿的數列

按月填滿的數列

按年填滿的數列

說明

您可以特別試著輸入 2 月的月底為基準日期，進行拖曳填滿的動作，觀察其結果，將會發現所出現的日期是 2/28、3/31、4/30⋯等。

接下頁 ➡

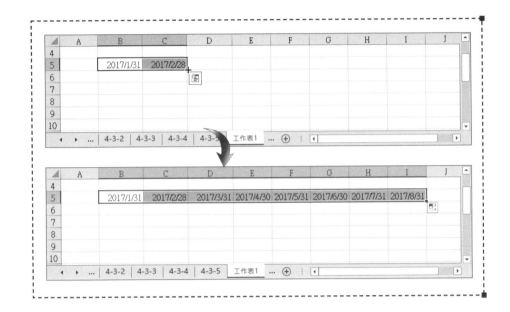

4-1-2　設定特別時間格式

　　如果在二個時間點之間，經由計算所得到的數值包含了日期與時間，但卻需要顯示總時數，這時候可再將此計算值，設定為特別的時間格式。

範例　顯示指定期間的「總時數」

STEP**1**　在 D8、E8 儲存格，分別輸入「2017/5/12 08:06:10 PM」與「2017/5/14 06:08:30 PM」二個日期時間資料。

STEP**2**　在 D10 儲存格輸入「=E8-D8」，此時顯示為「1.918287037」。

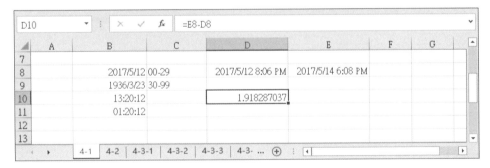

STEP**3** 選取 D10 儲存格，點選 **常用 > 數值** 功能區群組中的 **對話方塊啟動器** 鈕。

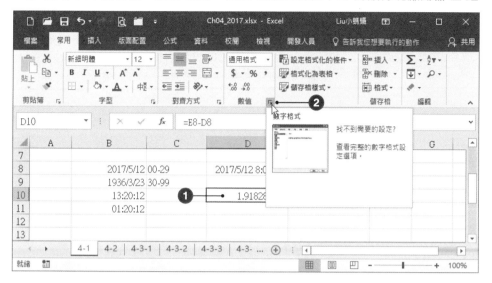

STEP**4** 出現 **儲存格格式** 對話方塊的 **數值** 標籤，**類別** 選擇 **自訂** ；在 **類型** 清單中
選擇 [h]:mm:ss 項目，按【確定】鈕。

D10 儲存格顯示「46:02:20」，代表二個時間點之間的總時數為 46 小時
02 分 20 秒。

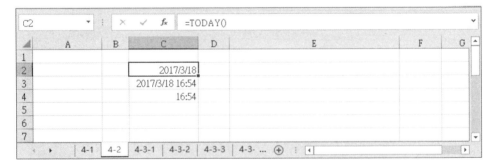

4-2　顯示日期與時間資料

除了要知道如何輸入日期與時間資料之外，還要進一步明白如何使用函
數來顯示特別的日期與函數資料。這一節我們將以範例導引的方式，分別介紹
TODAY、NOW、DATE、TIME、TIMEVALUE…等函數。

範例　使用函數顯示日期

STEP1　開啟範例檔案之後，選擇「4-2」工作表，或自行開啟新的 Excel 活頁簿
檔案。

STEP2　在 C2 儲存格輸入「=TODAY( )」，即會顯示當天的日期，可再視需要設定
相關的顯示格式。

STEP**3** 在 C3 儲存格輸入「=NOW( )」，即會顯示當天的日期與時間。

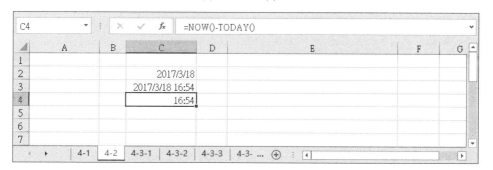

STEP**4** 在 C4 儲存格輸入「=NOW( )-TODAY( )」，即會顯示當時的時間。

STEP**5** 點選 E2 儲存格，在 **資料編輯列** 輸入「=DATE(2017,4,22)」，即會顯示日期資料「**2017/04/22**」。

STEP**6** 在 E3 儲存格輸入「=TIME(15,25,10)」，即會顯示時間資料「03:25PM」。

STEP**7** 在 E4 儲存格輸入「=TIMEVALUE("5:35 PM")」，即會將字串轉為時間資料顯示。

- 同時按 Ctrl + ⬚ 鍵,是輸入當天日期。
- 同時按 Ctrl + Shift + ⬚ 鍵,是輸入當時的時間。

瞭解如何輸入日期與時間顯示的規則之後,如果希望在儲存格中顯示「今天是星期六,一〇六年三月十八日」這樣的內容,並且其中的星期與日期,在每次打開這個 Excel 檔案時,都能自動顯示當日的訊息,應該怎麼做呢?嗯!這個練習還有一個要求,日期要顯示繁體日期喔!答案其實不難,想通了嗎?只要在儲存格輸入下列公式就可以了!

=" 今天是 " & TEXT(TODAY(),"aaaa ,[DBNum1]e 年 m 月 d 日 ")

E6			fx	="今天是 " & TEXT(TODAY(),"aaaa ,[DBNum1]e年m月d日")		
	A	B	C	D	E	F	G
1							
2			2017/3/18		2017/4/22		
3			2017/3/18 17:21		03:25 PM		
4			17:21		05:35 PM		
5					06:35 AM		
6					今天是 星期六,一〇六年三月十八日		
7					Today is Saturday,March 18,2017		
8							
9							

4-1　4-2　4-3-1　4-3-2　4-3-3　4-3- ...

4-3 計算日期與時間

使用試算表軟體時，除了要熟知自己的工作專業知識之外，善用軟體中的各項功能亦很重要。Excel 在計算日期與時間資料上，有一些方便的函數可以應用，我們將分別於以下各小節中說明。

 說明

這一節中某些的計算必須啟動 增益集 中的 分析工具箱，才能得到正確答案。

4-3-1 計算工作日

當今社會對於個人權益非常重視，而一般公司行號，針對員工的上班時間必須拿捏恰當，我們一起來學習如何計算工作日。

目前 Excel 針對工作日的定義，其預設值是週一到週五，而週六與週日為休息日，對於一些特別的假日，並未列入休息日，因此在計算工作日時，就要特別留意國定假日的扣除。

範例 使用 WORKDAY 與 NETWORKDAY 函數計算工作日

STEP1 在 A2 與 A3 儲存格輸入要計算工作日的 2 個日期，例如：「2017/04/01」與「2017/04/30」。

STEP2 在 B 欄位輸入特定的休假日，例如：「2017/01/01」、「2017/02/28」、「2017/03/08」、「2017/05/01」、「2017/10/10」…等。

	A	B	C	D	E	F	G	H
1	計算日期	放假日						
2	2017/04/01	2017/01/01						
3	2017/04/30	2017/01/02						
4		2017/01/27						
5		2017/01/28						
6		2017/01/29						
7		2017/01/30						
8		2017/01/31						
9		2017/02/01						
10		2017/02/28						
11		2017/04/03						
12		2017/04/04						
13		2017/05/29						
14		2017/05/30						

4-1 | 4-2 | 4-3-1 | 4-3-2 | 4-3-3 | 4-3- …

STEP**3** 在 D1 儲存格，如果要計算在「2017/04/01」之後 7 個工作日是哪一天？請輸入下列公式，得到答案是「2017/04/13」。

=WORKDAY("2017/04/01",7,B2:B17)

STEP**4** 如果要計算在「2017/04/01」至「2017/04/30」之間的工作日數，則可以在 D2 輸入下列公式，得到的答案是 18。

=NETWORKDAYS(A2,A3,B2:B17)

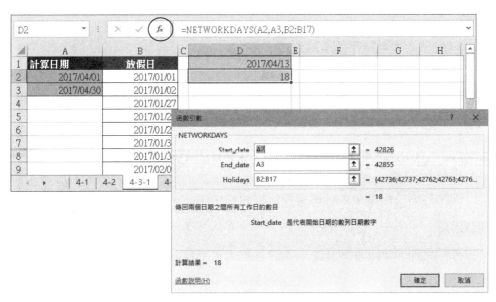

● 如果步驟 3 的公式中，不包含 B2:B7 儲存格範圍中所顯示的國定假日，
則會顯示「2017/04/11」。

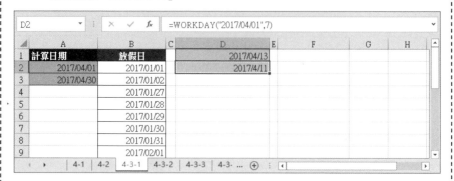

● 如果步驟 4 的公式中，不包含 B2:B7 儲存格範圍中所顯示的國定假日，
則其結果為 20。

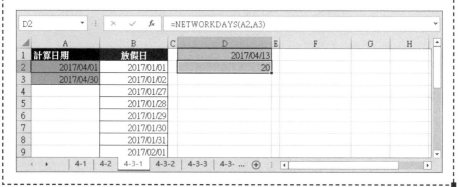

4-3-2 尋找特定的日子

　　處理業務有時需要確定某些日子，甚至要知道是星期幾，這時也可以透過一
些計算公式或函數，取得所需的資料。我們先來認識下列二個函數，它們是用來
尋找每個月的特定日子。

◗ EDATE 函數：傳回 ***start_date*** 引數之前或之後所指定月份數的日期
的序列值。通常用來計算落在所要月份中同一天到期的日期。

語法

EDATE(start_date, months)

引數

start_date：起始日。

Months：起始日期之前或之後的月份數，正值表示未來日期，負值表示過去日期。

● EOMONTH 函數：傳回在 ***start_date*** 引數之前或之後所指定月份數之當月最後一天的序列值。通常用來計算剛好落在當月最後一天的到期日。

語法

EOMONTH(start_date, months)

引數

start_date：起始日。

Months：起始日期之前或之後的月份數，正值表示未來日期，負值表示過去日期。

範例　使用 EDATE 與 EOMONTH 函數計算特定日期

STEP**1** 在 A1 儲存格輸入要計算起始日期，例如：「2017/05/15」。

STEP**2** 在 A6 儲存格輸入「=EDATE(A1,3)」或「=EDATE("2017/5/15",3)」，會傳回「2017/08/15」。

STEP**3** 在 A7 儲存格輸入「=EDATE(A1,-5)」或「=EDATE("2017/5/15",-5)」，會
傳回「2016/12/15」。

	A	B	C	D	E	F	
B7			fx	=EDATE("2017/5/15",-5)			
1	2017/5/15	2017		找出所要的日子		E:	
2	4	8		1 當週的第幾天		20	
3		6		2017/5/14 當週的週日		20	
4		2		2017/5/17 下週的週日		20	
5				2017/8/18 每月固定日期		20	
6	2017/8/15	2017/8/15					
7	2016/12/15	2016/12/15					
8							
9							

4-1 | 4-2 | 4-3-1 | 4-3-2 | 4-3-3 | 4-3-...

STEP**4** 在 D6 輸 入「=EOMONTH(A1,3)」 或「=EOMONTH("2017/5/15",3)」，
會傳回「2017/08/31」。

	A	B	C	D	E	F	
D6			fx	=EOMONTH(A1,3)			
6	2017/8/15	2017/8/15		2017/8/31			
7	2016/12/15	2016/12/15					
8							
9							

4-1 | 4-2 | 4-3-1 | 4-3-2 | 4-3-3 | 4-3-...

STEP**5** 在 D7 輸 入「=EOMONTH(A1,-5)」 或「=EOMONTH("2017/5/15",-5)」，
會傳回「2016/12/31」。

	A	B	C	D	E	F	
D7			fx	-EOMONTH("2017/5/15", 5)			
6	2017/8/15	2017/8/15		2017/8/31			
7	2016/12/15	2016/12/15		2016/12/31			
8							
9							

4-1 | 4-2 | 4-3-1 | 4-3-2 | 4-3-3 | 4-3-...

範例 計算特定日期所對應的當週是星期幾

STEP**1** 在 A1 儲存格輸入要計算起始日期，例如：「2017/05/15」。

STEP**2** 在 D3 儲存格輸入公式「=A1-MOD(A1-1,7)」，得到「2017/5/14」。

STEP**3** 在 D2 儲存格輸入函數「=WEEKDAY(D3)」，得到的答案是 1，代表是星
期日。

4-14

| D3 | ▼ | : | × | ✓ | fx | =A1-MOD(A1-1,7) | | ✓ |

	A	B	C	D	E
1	2017/5/15	2017		找出所要的日子	
2	4	8		1	當週的第幾天
3		6		2017/5/14	當週的週日
4		2		2017/5/17	下週的週日
5				2017/8/18	每月固定日期
6					
7					

| ◀ ▶ | 4-1 | 4-2 | 4-3-1 | 4-3-2 | 4-⋮ … | ⊕ | ◀ |

説明

在西元的年曆中，星期日是一週的第一天，星期六則是一週的最後一天。

範例 計算某一天的下一個星期三是什麼日期

STEP**1** 在 A1 儲存格輸入要計算起始日期，例如：「2017/05/15」。

STEP**2** 在 A2 儲存格輸入 4，代表星期三。

STEP**3** 在 D4 儲存格輸入下列公式，得到資料是「2017/05/17」。

=A1+IF($A$2<WEEKDAY($A$1),7-WEEKDAY($A$1)+A2,A2-WEEKDAY($A$1))

| D4 | ▼ | : | × | ✓ | fx | =A1+IF($A$2<WEEKDAY($A$1),7-WEEKDAY($A$1)+ A2,A2-WEEKDAY($A$1)) | ▲ |

	A	B	C	D	E
1	2017/5/15	2017		找出所要的日子	
2	4	8		1	當週的第幾天
3		6		2017/5/14	當週的週日
4		2		2017/5/17	下週的週日
5				2017/8/18	每月固定日期
6					
7					

| ◀ ▶ | 4-1 | 4-2 | 4-3-1 | 4-3-2 | 4-⋮ … | ⊕ | ◀ |

如果我們期望經由設定一些條件，得到每個月固定位置的日期（例如：希望得知每個月第二週的星期三是何日期），請參考下列範例。

範例 計算每月固定週數與星期幾所對應的日期

STEP**1** 在 B1 儲存格輸入年（例如：2017），B2 儲存格輸入月份（例如：8），B3 儲存格輸入星期幾代表的數字（例如：6 代表星期五），B4 輸入第幾週（例如：1 代表第二週）。

日期與時間函數

> **説明**
>
> 每個月的週數是由 0~4 代表，0 是第一週，依此類推。

STEP**2** 在 D5 儲存格輸入下列公式，得到答案是「2017/08/18」。

```
=DATE($B$1,$B$2,1)+IF($BA$3<WEEKDAY(DATE($B$1,$B$2,1)),_
7-WEEKDAY(DATE($B$1,$B$2,1))+$B$3,$B$3-WEEKDAY_
(DATE($B$1,$B$2,1)))+($B$4-1)*7
```

4-3-3 計算年齡

計算年齡是經常會碰到的事情，如果在某些特別事情的要求下（例如：保險），可能需要計算到月或日，此時即可使用 INT、YEARFRAC 與 TODAY 三個函數來計算。

範例 使用 YEARFRAC 與 TODAY 函數計算年齡

STEP**1** 在 A3 儲存格輸入生日，例如：「1956/08/06」。

STEP**2** 在 B3 儲存格輸入下列公式，會得到 60。

```
=INT(YEARFRAC(TODAY(),$A$3,1))
```

如果要進一步計算生日到當天的天數、月數或年數，則可以使用 DATEDIF 函數（這是早期 Excel 版本所提供的函數）。

語法

DATEDIF(生日 , 當天日期 , 計算方式)

引數

計算方式 **"y"**：計算二個日期之間的整年數

計算方式 **"m"**：計算二個日期之間的整月數

計算方式 **"d"**：計算二個日期之間的總天數

計算方式 **"ym"**：計算二個日期中月數的差，忽略日期中的日與年

計算方式 **"yd"**：計算二個日期中天數的差，忽略日期中的年

範例　使用函數計算年齡

輸入公式「=DATEDIF(A3,TODAY(),"y")」，得到 60 年。

輸入公式「=DATEDIF(A3,TODAY(),"m"）」，得到 727 月。

輸入公式「=DATEDIF(A3,TODAY(),"d")」，得到 22139 天。

輸入公式「=DATEDIF(A3,TODAY(),"ym")」，得到 7 月。

輸入公式「=DATEDIF(A3,TODAY(),"yd")」，得到 224 天。

D11			f_x	=DATEDIF(A3,TODAY(),"yd")				
	A	B	C	D	E	F	G	H
5								
6	DATEDIF參數說明							
7	"y"	計算年		60				
8	"m"	計算月		727				
9	"d"	計算日數		22139				
10	"ym"			7				
11	"yd"			224				
12								

◀ ▶ … | 4-2 | 4-3-1 | 4-3-2 | **4-3-3** | 4-3-4 | 4- … ⊕

延伸閱讀

● 想知道今天是一年中的的第幾天嗎？請試試下列公式：

=TODAY()-DATE(YEAR(TODAY()),1,1)

接下頁

日期與時間函數

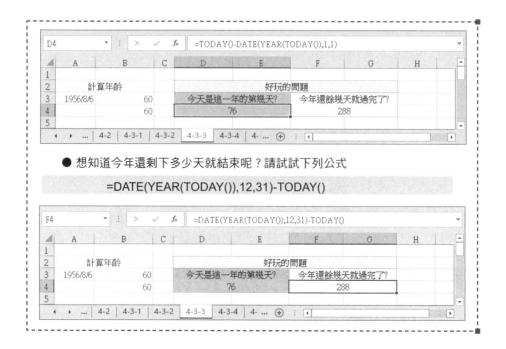

● 想知道今年還剩下多少天就結束呢？請試試下列公式

$$=DATE(YEAR(TODAY()),12,31)-TODAY()$$

4-3-4 計算時間

針對某些事情，我們會以累計時間當成一個計算標準，這時就需要用時間格式與函數來處理。其中要特別注意的是，Excel 的時間預設格式，是以每天 24 小時為計算單位，如果希望得到計算結果是總時數，必須將時間格式設定為「[hh]:mm」(設定方式請參考 4-1-2 節)，如此才能在儲存格中顯示總時數。

範例 計算一週工作總時數

STEP**1** 開啟本書範例，或參考下圖輸入需要計算的資料。

	A	B	C	D	E	F	G	H
1		工作時數的計算				工作時數總計		
2		員工姓名：	江高舉			總時數：		
3		部門：	研發部門			正常工作時數：		
4		起始日期：	2017/3/2			加班時數：		
5								
6	日期	星期	早上上班	午餐外出	下午上班	下班時間	當日小計	
7	2017/3/2	星期一	8:30 AM	12:00 PM	1:00 PM	6:00 PM		
8	2017/3/3	星期二	10:00 AM	12:35 PM	2:00 PM	7:15 PM		
9	2017/3/4	星期三	9:30 AM	12:15 PM	1:35 PM	7:15 PM		
10	2017/3/5	星期四	10:00 AM	12:50 PM	2:00 PM	8:30 PM		
11	2017/3/6	星期五	8:45 AM	11:45 AM	12:50 PM	6:30 PM		
12								
13								

STEP**2** 先在 G7 儲存格輸入下列公式,點選該儲存格後以滑鼠拖曳填滿 G7:G11 的
儲存格範圍。

=IF(D7<C7,D7+1-C7,D7-C7)+IF(F7<E7,F7+1-E7,F7-E7)

STEP**3** 在 G2 儲存格輸入公式「=SUM(G7:G11)」,計算總工作時數。

STEP**4** 在 G3 儲存格輸入公式「=MIN(G2,1+TIME(42,0,0))」,計算正常工作的總
時數。

STEP**5** 在 G4 儲存格輸入公式「=G2-G3」,計算加班時數。

延伸閱讀

如果您所得到的時間資料是 10 進位的數值，想要將其顯示為「時」、「分」、「秒」，必須將此數值除以 24、1440 或 86400。

例如：儲存格中的資料是 8.25 小時，您可以將其除以 24，得到 08:15:00；儲存格中的資料是 520 分鐘，除以 1440，得到 08:40:00；儲存格中的資料是 30000 秒，除以 86400，得到 08:20:00。

Chapter 5

陣列公式

5-1　陣列公式的基本用法

5-2　陣列公式的進階用法

陣列 一般觀念就是所謂的 **方陣**，古時候希臘軍隊就以其方陣戰術，打遍敵營。Excel 的定義，**陣列** 是指一個儲存格範圍，它可以用單一欄、單一列或「多欄 × 多列」的方式表現，**陣列公式** 可以同時執行多個計算然後傳回單一結果或多個結果，還能再進行二組以上的數值運算。

5-1　陣列公式的基本用法

　　如果想要成為一個進階的 Excel 使用者，必須要熟悉陣列公式的應用。相信從前面章節的介紹，您已明白透過 Excel 公式與函數，能夠進行相當複雜的運算；而某些函數中所用到的引數，常是以 **陣列公式** 處理。使用 **陣列公式** 還可以執行如下工作：

- ◗ 計算儲存格範圍中所包含的字元數。
- ◗ 僅加總符合特定條件的數值，例如：儲存格範圍中的最低值，或是落在上限與下限之間的數值。
- ◗ 加總儲存格範圍中每隔 N 個數的值。

5-1-1　一維（單欄或單列）陣列

　　所謂 **一維陣列**，就是某單一列連續的儲存格範圍，例如：C3:E3；或某單一欄連續的儲存格範圍，例如：C3:C8。

　　另外，在 Excel 也可以使用大括號（{}）來表示陣列，例如：{1,2,8,3} 即代表是一個陣列常數。因此在計算過程中，如果遇到一些陣列型式的資料，即可使用 **陣列公式** 運算，它可以簡化公式內容並減少計算步驟。

範例　建立單一或多個儲存格陣列公式

STEP**1**　開啟範例檔案之後，選擇「 5-1-1」工作表。

STEP**2**　點選 G10 儲存格，輸入公式：「=SUM({1,2,8,3})」，得到 14；它與 H10 儲存格的公式：「=SUM(B10:E10)」，執行結果一樣。

STEP**3**　點選 G14 儲存格，我們要計算「(1*2)+(2*6)+(8*3)+(3*5)」的總計值，其公式可寫為：「=SUM({1,2,8,3,}*{2,6,3,5})」，答案為 53。

STEP**4** 點選 H14 儲存格，如果已在對應儲存格範圍中建立二個陣列，分別為：
B10:E10、B12:E12，則輸入的公式為：「=SUM(B10:E10*B12:E12)」，按
Ctrl + Shift + Enter 鍵，得到陣列公式：{=SUM(B10:E10*B12:E12)}，答案
為 53，與步驟 3 的結果相同。

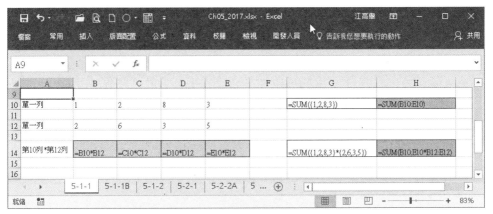

顯示公式

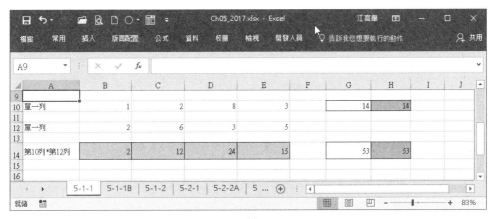

顯示結果

> **說明**
>
> 在使用公式時，只要碰到是陣列型式，則在輸入公式之後，必須同時按 Ctrl
> + Shift + Enter 鍵，本章後續內容將不再提醒您。

單欄或單列陣列公式，在實務上的應用非常廣泛，我們以 SUMPRODUT 函數為例，說明其實際的應用。

範例 使用 SUMPRODUT 函數建立單欄或單列陣列公式

STEP**1** 開啟範例檔案之後，選擇「5-1-1B」工作表。

STEP**2** 參考下圖建立相關資料，其中「經銷價」與「數量」，是需要計算的資料。

STEP**3** 點選 F10 儲存格，準備計算各類別產品的「經銷價 * 數量」的總金額，按 **插入函數** fx 鈕。

STEP**4** 出現 **插入函數** 對話方塊，選取 **數學與三角函數** 類別的 SUMPRODUCT 函數，按【確定】鈕。

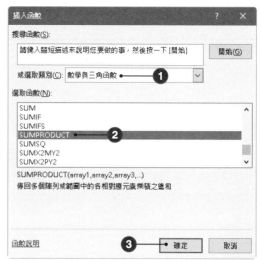

STEP**5** 出現 **函數引數** 對話方塊，在 Array1 欄位，輸入「經銷價」的儲存格範圍 E3:E9；在 Array2 欄位輸入「數量」的儲存格範圍 F3:F9，按【確定】鈕。

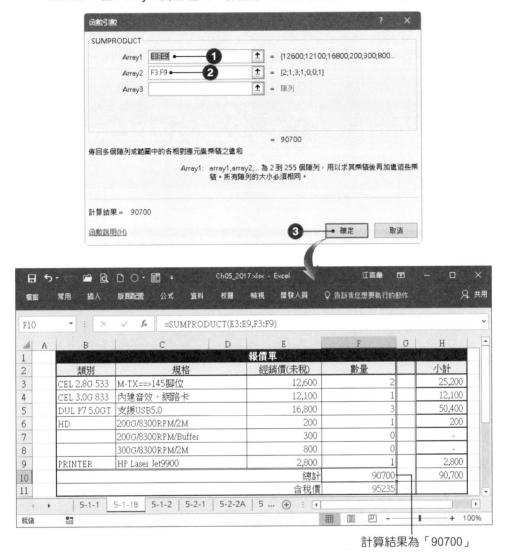

計算結果為「90700」

5-1-2 二維（表格）陣列

所謂 **二維陣列** 是指資料範圍不僅是單列或單欄，而是同時存在多欄多列。如果套用一般的用語，則可以將二維陣列視為一張表格。

範例 建立二維陣列公式

STEP**1** 開啟範例檔案之後,選擇「5-1-2」工作表。

STEP**2** 工作表已存在 B2:E9 儲存格範圍的表格,如果希望在任一工作表中建立相同內容的表格,並與原儲存格範圍保持連結。請先選相同樣大小的儲存格範圍,然後輸入公式:「=B2:E9」,同時按 Ctrl + Shift + Enter 鍵。

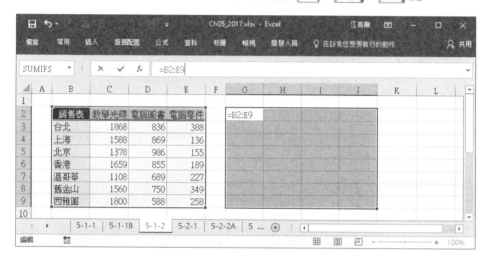

STEP**3** 在新範圍任選一儲存格,按 Del 鍵,將會出現警告訊息,說明不能刪除陣列中的一部份。

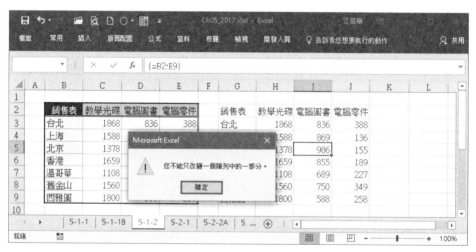

接下來的範例，我們已在 B11:E12 儲存格範圍，建立一個 2 列 *4 欄的陣列，可以用陣列公式計算每一儲存格的開根號值。

___範例___ 計算二維陣列的開根號值

STEP**1** 先選取 B14:E15 儲存格範圍，輸入公式：「=SQRT(B11:E12)」。

STEP**2** 同時按 [Ctrl] + [Shift] + [Enter] 鍵，即可求得計算結果。

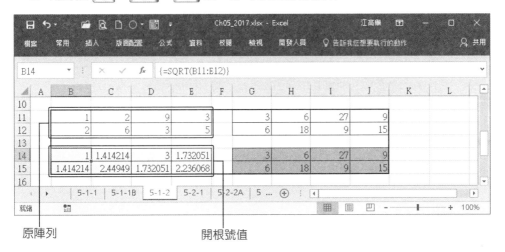

原陣列　　　　　　　　開根號值

___範例___ 建立二維陣列常數並計算

STEP**1** 選取 G11:J12 儲存格範圍，輸入公式：={1,2,9,3;2,6,3,5,}*3。

STEP**2** 同時按 [Ctrl] + [Shift] + [Enter] 鍵，完成輸入。

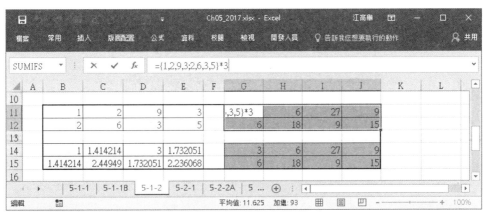

 説明

若要直接輸入二維陣列常數，在大括號內是以 分號（；）來區隔。

範例 使用 TRANSPOSE 函數轉置陣列

STEP1 如果要將原來的 2*4 的陣列，變成 4*2 的陣列，請先選取原陣列的儲存格範圍，例如：B11:E12；執行 **常用 > 剪貼簿 > 複製** 指令。

原陣列範圍　　　　　　　　　　　　　　　目的儲存格範圍

STEP2 點選目的儲存格，例如：G17；執行 **常用 > 剪貼簿 > 貼上 > 選擇性貼上** 指令。

STEP3 出現 **選擇性貼上** 對話方塊，勾選 ☑ **轉置** 核取方塊，按【確定】鈕。

STEP**4** 也可以使用 TRANSPOSE 函數來求取轉置矩陣值,先選取目的儲存格範圍,
例如:B17:C20;輸入下列公式後,同時按 [Ctrl] + [Shift] + [Enter] 鍵,即能完
成陣列轉置。

=TRANSPOSE(B11:E12)。

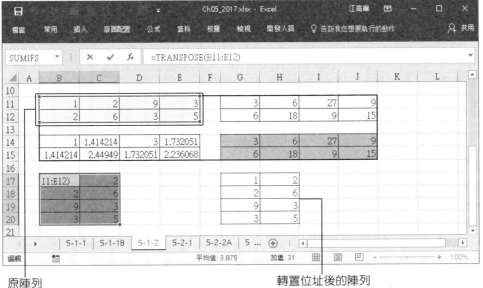

原陣列

轉置位址後的陣列

5-2 陣列公式的進階用法

當您熟悉陣列公式的使用之後，就可以進一步在不同的儲存格，或不同的計算需求上，靈活使用陣列公式，以提升工作效率，並確保計算正確無誤。

5-2-1 建立多儲存格陣列公式

在許多計算工作中，經常需要逐步地進行，因此要運用多個儲存格記錄計算後的結果。下圖所示的範例，如果要計算 B2:D16 儲存格範圍內最大的前三個數值之 **加總**，即會先使用三個儲存格分別存放所找出的前三個數值，而其對應的公式如下，然後再使用一個儲存格，將此三個儲存格的數值 **加總**，得到最後的答案。

```
=LARGE($B$2:$D$16,1)
=LARGE($B$2:$D$16,2)
=LARGE($B$2:$D$16,3)
```

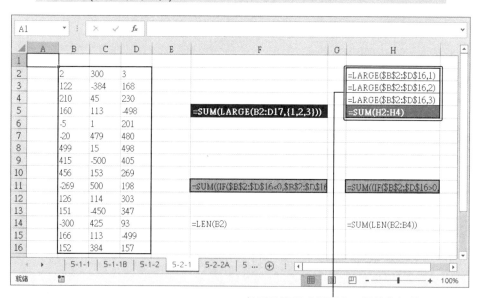

各別計算後求得最大三個值的加總

事實上，只要靈活應用 **陣列公式** 即可在指定的儲存格求得相同的結果。

範例 找出儲存格範圍中三個最大的數值並將其加總

STEP**1** 參考下圖，先選取 F5 儲存格，輸入下列陣列公式：

```
=SUM(LARGE(B2:D17,{1,2,3,}))
```

STEP**2** 按 [Ctrl] + [Shift] + [Enter] 鍵，得到的結果會與 H5 完全相同。

F5	▼	:	×	✓	f_x	=SUM(LARGE(B2:D17,{1,2,3}))						
◢	A	B	C	D	E	F	G	H	I	J	K	L
1												
2		2	300	3				500				
3		122	-384	168				499				
4		210	45	230				498				
5		160	113	-498		1497		1497				
6		-5	1	201								
7		-20	479	480								
8		499	15	498								

| 5-1-1 | 5-1-1B | 5-1-2 | 5-2-1 | 5-2-2A | 5 ... ⊕ |

陣列公式

另外，有些時候我們可以直接在公式中，針對大儲存格範圍，使用陣列公式
進行計算，求得所要結果。例如：要在 B2:D16 儲存格範圍中，將所有小於零的數
值 加總，請參考下列範。

範例 **計算指定儲存格範圍中所有小於零的數值合計**

STEP**1** 請先選取 F11 儲存格，然後輸入下列公式：

=SUM((IF($B$2:$D$16<0,$B$2:$D$16)))

STEP**2** 按 [Ctrl] + [Shift] + [Enter] 鍵，得到結果為 -2925。

F11	▼	:	×	✓	f_x	{=SUM((IF($B$2:$D$16<0,$B$2:$D$16)))}						
◢	A	B	C	D	E	F	G	H	I	J	K	L
1												
2		2	300	3				500				
3		122	-384	168				499				
4		210	45	230				498				
5		160	113	-498		1497		1497				
6		-5	1	201								
7		-20	479	480								
8		499	15	498								
9		415	-500	405								
10		456	153	269								
11		-269	500	198		-2925		8453				
12		126	114	303								
13		151	-450	347								
14		-300	425	93		1		7				
15		166	113	-499								
16		152	384	157								

| 5-1-1 | 5-1-1B | 5-1-2 | 5-2-1 | 5-2-2A | 5 ... ⊕ |

5

陣列公式

下列範例將示範如何計算指定儲存格範圍中的字元數，空格包括在內。

範例 計算指定儲存格範圍中總共有多少字元

STEP**1** 請先選取 H7 儲存格，然後輸入下列公式：

=SUM(LEN(B2:B4))

STEP**2** 按 [Ctrl] + [Shift] + [Enter] 鍵，得到結果為 7。

H7				f_x	{=SUM(LEN(B2:B4))}					
	A	B	C	D	E	F	G	H	I	J	K
1											
2		2	300	3		1					
3		122	-384	168							
4		210	45	230							
5		160	113	-498							
6		-5	1	201							
7		-20	479	480				7			
8		499	15	498							
9		415	-500	405							
10		456	153	269							
11		-269	500	198							
12		126	114	303							
13		151	-450	347							
14		-300	425	93							

5-1-1　5-1-1B　5-1-2　**5-2-1**　5-2-2A …

5-2-2　計算平均值

平均值 的計算是經常會用到的，但有些時候要先進行加減運算，再來求其差異的平均值。碰到此種情況一般人的做法會如何呢？可否省略中間的步驟，而直接求得所要的值呢？

陳志凌在學校做了某項實驗，並且得到三組測試值，他想要分別求得第一組與第二組資料，以及第一組與第三組資料的差異平均值。一般人直覺上會使用下面的方式來處理。

範例 使用一般公式與 AVERAGE 函數計算平均值

STEP**1** 依循圖示將資料建立妥當,或開啟本書所附範例。

STEP**2** 在「第二測試值」與「第三測試值」欄位的右側,各新增一欄。

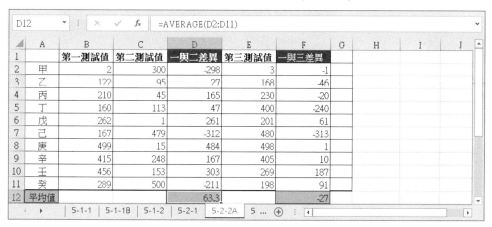

STEP**3** 點選 D2 儲存格,輸入公式:「=B2-C2」,然後使用滑鼠拖曳 **填滿控制點** 的方式向下填滿。

STEP**4** 點選 F2 儲存格,輸入公式:「=B2-E2」,然後使用滑鼠拖曳 **填滿控制點** 的方式向下填滿。

STEP**5** 點選 D12 儲存格,輸入公式:「=AVERAGE(D2:D11)」,得到答案 63.3。

STEP**6** 點選 F12 儲存格,輸入公式:「=AVERAGE(F2:F11)」,得到答案 -27。

	A	B 第一測試值	C 第二測試值	D 一與二差異	E 第三測試值	F 一與三差異	G	H	I	J
1		第一測試值	第二測試值	一與二差異	第三測試值	一與三差異				
2	甲	2	300	-298	3	-1				
3	乙	122	95	27	168	-46				
4	丙	210	45	165	230	-20				
5	丁	160	113	47	400	-240				
6	戊	262	1	261	201	61				
7	己	167	479	-312	480	-313				
8	庚	499	15	484	498	1				
9	辛	415	248	167	405	10				
10	壬	456	153	303	269	187				
11	癸	289	500	-211	198	91				
12	平均值			63.3		-27				

經過上述處理雖然得到答案，但在測試表格中新增了二個欄位，對於未來繼續進行的測試資料，若還要再加入此表格，總是不方便，而且也破壞原本測試資料的表格結構。所以，為了保持資料結構並加快計算效率，可以改用 **陣列公式** 來處理。

範例 使用陣列公式計算平均值

STEP**1** 依循圖示將資料建立妥當，或開啟本書所附範例。

STEP**2** 點選 B14 儲存格，輸入公式：「=AVERAGE(B2:B11-C2:C11)」，同時按 Ctrl + Shift + Enter 鍵，以求差異平均值。

STEP**3** 點選 B15 儲存格，輸入公式：「=MAX(B2:B11-C2:C11)」，同時按 Ctrl + Shift + Enter 鍵，以求差異最大值。

STEP**4** 點選 B16 儲存格，輸入公式：「=MIN(B2:B11-C2:C11)」，同時按 Ctrl + Shift + Enter 鍵，以求差異最小值。

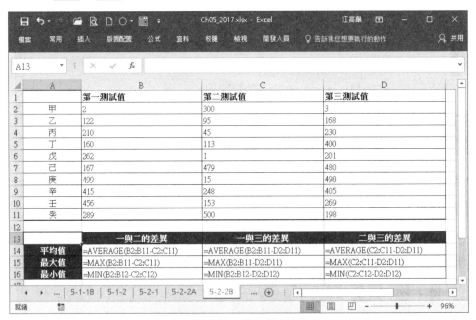

顯示對應儲存格中的公式

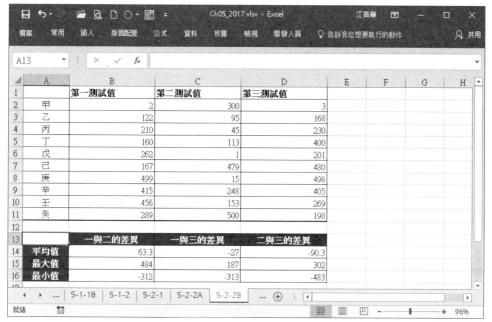

顯示計算結果

在計算 **平均值** 的問題時,通常會期望將「零值」不列入計算,那麼也可以使用 **陣列公式** 處理。

範例 加入零的平均值計算

STEP**1** 依循圖示將資料建立妥當,或開啟本書所附範例。

STEP**2** 點選 M4 儲存格,輸入公式:「=AVERAGE(IF(C4:L4<>0,C4:L4))」。

STEP**3** 同時按 Ctrl + Shift + Enter 鍵,得到答案為 199.3。

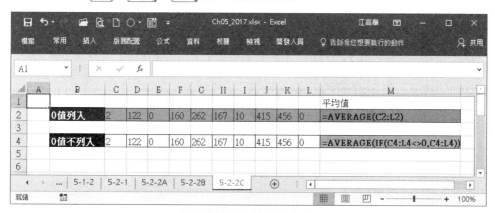

顯示對應儲存格中的公式

	A	B	C	D	E	F	G	H	I	J	K	L	M	N
1													平均值	
2		0值列入	2	122	0	160	262	167	10	415	456	0	159.4	
3														
4		0值不列入	2	122	0	160	262	167	10	415	456	0	199.3	
5														
6														

發現了嗎？「零值」列與不列入計算所得到的平均值是不同的哦！

Chapter 6

加總與數目函數

6-1　計算儲存格數目的基本做法

6-2　計算儲存格數目的進階做法

6-3　計算資料分佈範圍

6-4　靈活應用加總公式與函數

在 Excel 試算表中使用最多的函數就是 **加總（SUM）**，而事實上，這也的確是日常工作中經常會碰到的事情。這章將分別討論一些常用的計算工作，讓您明瞭如何透過 Excel 來處理與應用相關函數。

6-1　計算儲存格數目的基本做法

儲存格 是工作表的基本元件，在進行各種計算工作時，可藉由計算儲存格數目，來轉換求得相關的資料。因此，使用者可經由此小節的內容，熟悉如何計算儲存格的方法。

6-1-1　計算空白儲存格

針對某一張工作表或某一個儲存格範圍，如果要計算其所包含的儲存格，可使用 ROWS 與 COLUMNS 函數，先計算欄、列數目再相乘；若要計算空白儲存格的多寡，則可使用 COUNTBLANK 或 COUNTA 函數。

範例　計算空白儲存格

STEP**1**　開啟範例檔案之後，選擇「6-1-1」工作表。

STEP**2**　設定 A1:F14 儲存格範圍的名稱為「測試 1 區」。

STEP**3**　在 H2 儲存格，輸入下列公式，得到答案為 84，表示共有 84 個儲存格。

　　`=ROWS( 測式 1 區 )*COLUMNS( 測試 1 區 );`

STEP**4**　在 H3 儲存格，輸入下列公式，得到答案為 14，表示共有 14 個空白的儲存格。

　　`=CONUNTBLANK( 測試 1 區 );`

STEP**5**　在 H5 儲存格，輸入下列公式，得到結果為 70，表示共有 70 個非空白的儲存格。

　　`=COUNTA( 測試 1 區 )`

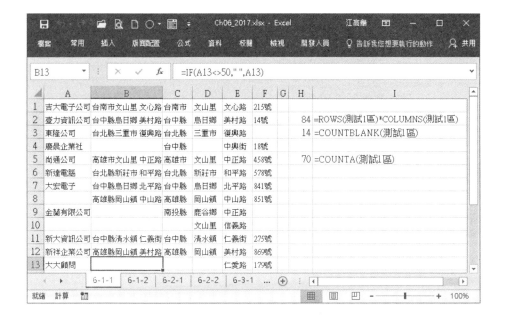

說明

- 請選到 B13 儲存格，雖然它包含了公式，但由於此公式計算結果為空白，所以 COUNTBLANK 函數仍視其為空白儲存格。

- 請選到 B13 儲存格，雖然外表顯示為空的儲存格，但因內含公式，所以 COUNTA 函數仍以非空格儲存格來計算。

6-1-2 計算不同資料類型的儲存格數目

儲存格 的 **資料類型** 有很多種，可以用 IS 函數搭配其他函數，計算各種 **資料類型** 的儲存格數目。

在下面的範例中，我們將同樣的儲存格範圍，填入不同的 **資料類型**，方便您比對不同的計算結果。

範例 計算擁有相同資料類型的儲存格個數

STEP**1** 開啟範例檔案之後，選擇「6-1-2」工作表。

STEP**2** 設定 B2:E7 儲存格範圍的名稱為「銷售表」、設定 B9:E14 儲存格範圍的名稱為「測試 2 區」。

STEP**3** 在 H3 儲存格輸入公式：「=COUNT(銷售表)」，得到答案為 15；在 I3 儲存格輸入公式：「=COUNT(測試 2 區)」，得到答案為 11，表示數值儲存格的數目。

STEP**4** 在 H4、I4 儲存格輸入下列公式，計算非文字格式的儲存格，其公式為：

=SUM(IF(ISNONTEXT(銷售表),1))。

説明

接下來的操作步驟，公式內容都為 **陣列**，所以輸入完成時，要同時按 Ctrl + Shift + Enter 鍵。有關陣列公式的詳細說明，請參考第五章。

STEP**5** 在 H5、I5 儲存格輸入下列公式，計算文字儲存格數目。

=SUM(IF(ISTEXT(銷售表),1))。

STEP**6** 在 H6、I6 儲存格輸入下列公式，計算邏輯資料儲存格數目。

=SUM(IF(ISLOGICAL(測試 2 區),1))。

STEP**7** 在 H7、I7 儲存格輸入下列公式，計算所有包含錯誤值資料的儲存格數目。

=SUM(IF(ISERROR(測試 2 區),1))。

STEP**8** 在 I8 儲存格輸入下列公式，計算不包含「#N/A」錯誤指標的儲存格數目。

=SUM(IF(ISERR(測試 2 區),1))。

STEP**9** 在 I9 儲存格輸入下公式，計算含有「#N/A」錯誤指標的儲存格數目。

=SUM(IF(ISNA(測試 2 區),1))

銷售表

測試 2 區

6-2 計算儲存格數目的進階做法

既然藉由計算儲存格數目,可用來轉換求得相關的資料,我們就需要進一步了解與其相關搭配的函數,協助我們靈活運用這個功能。

6-2-1 使用 COUNTIF 函數

當我們在工作表中,所建立的是一些表格或資料庫型式的數值資料,那麼,如果要計算合於某些特定條件下的儲存格數目,即可以考慮使用 COUNTIF 函數來處理。

範例 使用 COUNTIF 函數計算儲存格數目

STEP**1** 開啟範例檔案之後,選擇「6-2-1」工作表。

STEP**2** 如果要計算儲存格內容為 20 的數目,請在 H3 儲存格輸入下列公式,得到答案為 2。

```
=COUNTIF(B3:D7,20)
```

STEP3 如果要計算儲存格內容為 >30 的數目，請在 H4 儲存格輸入下列公式，得到答案為 5。

=COUNTIF(B3:D7,">=30")

STEP4 如果要計算儲存格內容為僅有 3 個文字的儲存格數目，請在 H5 儲存格輸入下列公式，得到答案為 3。

=COUNTIF(B3:D7,"???")

STEP5 如果要計算儲存格內容為大於所有數值的平均值之儲存格數目，請在 H6 儲存格輸入下列公式，得到答案為 3。

=COUNTIF(B3:D7,">" & AVERAGE(C3:D6)))

STEP6 如果要計算儲存格內容為 TRUE 的儲存格數目，請在 H7 儲存格輸入下列公式，得到答案為 1。

=COUNTIF(B3:D7,TRUE)，

STEP7 如果要計算儲存格內容為 #N/A 錯誤指標的儲存格數目，請在 H8 儲存格輸入下列公式，得到答案為 1。

=COUNTIF(B3:D7,"#N/A")

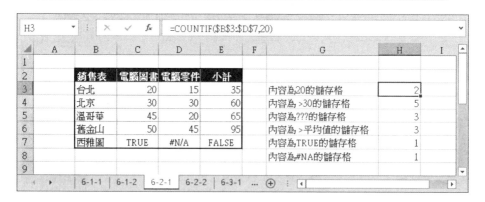

6-2-2 其他計算方式

在依循特定條件計算儲存格數目的工作中，除了使用 COUNTIF 函數之外，還可以使用其他函數或公式，計算不同情況下所欲求得的答案。

範例 使用 SUM 與 MOD 函數計算

STEP**1** 開啟範例檔案之後,選擇「6-2-2」工作表。

STEP**2** 若欲計算 1 月份 CD 產品,而且數量大於 25 的儲存格數目,請先在 G2 儲存格,輸入下列公式,然後同時按 `Ctrl` + `Shift` + `Enter` 鍵,得到的答案為 2。

=SUM((月份 ="1 月 ")*(產品 ="CD")*(數量 >25))

> **說明**
>
> 此為同時符合「且」的多條件範例,所以公式中是用「*」符號處理。

STEP**3** 如果欲計算 1 月份 CD 產品,或是數量 >25 的儲存格數目,請先在 G3 儲存格,輸入下列公式,然後同時按 `Ctrl` + `Shift` + `Enter` 鍵,得到的答案為 12。

=SUM((月份 ="1 月 ")+ 產品 ="CD")+(數量 >25))

> **說明**
>
> 此為符合任一項「或」的多條件範例,所以公式中是用「+」符號處理。

STEP**4** 如果要計算數量欄位中某一資料出現頻率最多的項目,可以使用 MOD 函數。例如:在 G4 儲存格輸入下列公式,得到答案為 20,表示此資料出現的次數最多。

=MOD(數量)

6-3 計算資料分佈範圍

針對一群數目，如果想要求得其資料分佈的情形，可以使用 Excel 所提供的相關函數來處理，例如：銷售業績分佈圖。

6-3-1 使用 FREQUENCY 函數

透過 FREQUENCY 函數可以計算某一個儲存格範圍中，各個數值出現的次數，並且可以使用 **垂直陣列** 的方式顯示結果。

範例 使用 FREQUENCY 函數計算資料分佈範圍

STEP**1** 開啟範例檔案之後，選擇「6-3-1」工作表，或是自行建立一個內含許多數值資料的儲存格範圍。

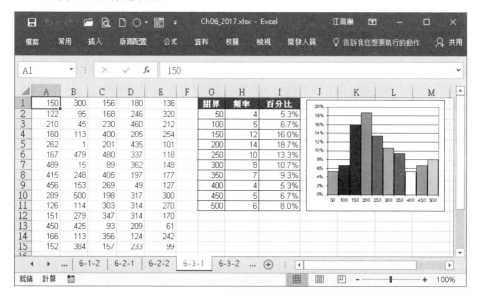

STEP**2** 在 G2:G11 儲存格範圍中，輸入每組數值的界限，此範例是以間隔 50 作為分界，用來設定 0 至 500 的各分隔區間。

說明

50 表示小於等於 50 的資料數，100 表示大於 50 並小於等於 100 的資料數，以此類推。

STEP**3** 選取 H2:H11 儲存格範圍，按 **插入函數** f_x 鈕。

STEP**4** 出現 **插入函數** 對話方塊，選擇 **統計** 類別的 FREQUENCY 函數，按【確定】鈕。

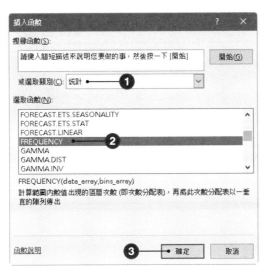

STEP**5** 出現 **函數引數** 對話方塊，在 Data-array 輸入 A1:E15 儲存格範圍；在 Bins_array 輸入 G2:G11 儲存格範圍，按【確定】鈕。

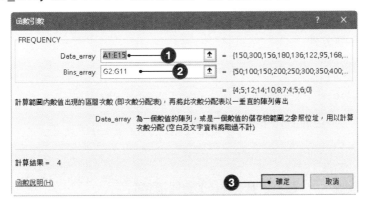

STEP**6** 將插入點游標放在 **資料編輯列** 中，同時按 Ctrl + Shift + Enter 鍵，完成陣列公式。

STEP**7** 如果要求得各資料所佔的百分比，可以先選取 I2:I11 儲存格範圍，然後輸入下列公式之後，同時按 Ctrl + Shift + Enter 鍵。

`{=FREQUENCY(A1:E15,G2:G11/COUNTA(A1:E15))}`

接下頁 ➡

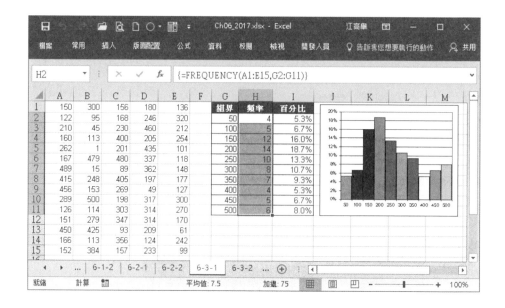

6-3-2　建立常態分佈

　　如果希望透過 SUM 函數統計資料數目，可以將 5-2-2 節的計算方式應用到這裡。這個範例是針對某一班級的學生成績，進行成績等第分佈的處理，並將結果製作成 **長條圖**。

範例　**建立常態分佈**

STEP**1**　開啟範例檔案之後，選擇「6-3-2」工作表。

STEP**2**　學生人數 29 名，其成績列示於 A1:B30 的儲存格範圍中；將成績等第分佈的條件，設定於 D1:F6 儲存格範圍。

STEP**3** 點選 G2 儲存格,輸入下列公式之後,同時按 Ctrl + Shift + Enter 鍵

=SUM((成績 >=D2)*(成績 <=E2)

STEP**4** 點選 G2 儲存格,按住其右側的 **填滿控制點** 向下拖曳至 G6 儲存格,完成
計算資料個數的工作。

STEP**5** 先選取 F1:G6 儲存格範圍,再執行 **插入 > 圖表 > 建議圖表** 指令,畫出直條
分佈圖。

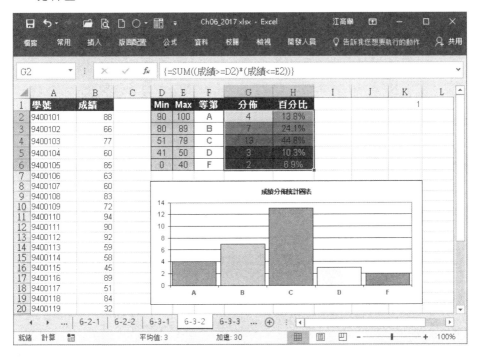

6-3-3 使用分析工具箱

除了可以使用函數求得資料的分佈範圍之外,還可以使用 Excel **增益集** 所提
供的 **分析工具箱** 之 **直方圖** 工具,求得資料分配的情況,並同時繪製長條圖。

範例 使用直方圖分析工具

STEP**1** 開啟範例檔案之後,選擇「6-3-3」工作表,執行 **檔案 > 選項** 指令。

STEP**2** 出現 Excel **選項** 對話方塊,選擇 **增益集** 標籤,點選 **分析工具箱** 項目,按
【執行】鈕。

STEP**3** 出現 **增益集** 對話方塊，勾選 ☑**分析工具箱** 核取方塊，按【確定】鈕。

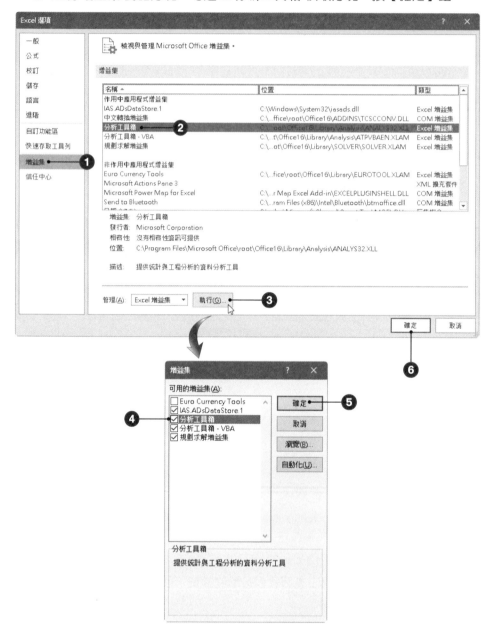

STEP**4** 點選 **資料 > 分析 > 資料分析** 指令，開啟 **資料分析** 對話方塊，選擇 **直方圖**，按【確定】鈕。

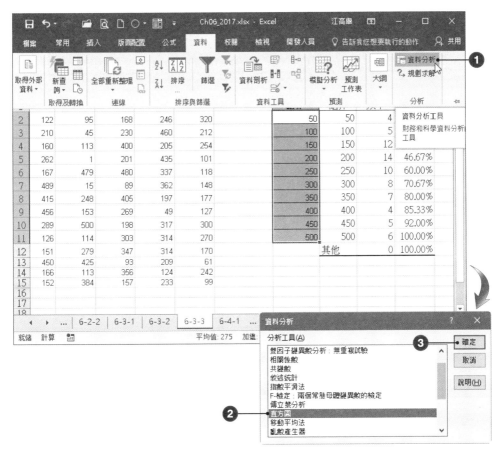

STEP**5** 出現 **直方圖** 對話方塊，**輸入範圍** 輸入 A1:E15；**組界範圍** 輸入 G2:G11；
點選 ⊙ **輸出範圍** 選項，並輸入 H1:J；勾選 ☑ **累積百分率** 與 ☑ **圖表輸出** 核
取方塊，按【確定】鈕。

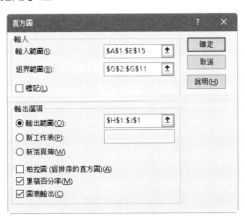

STEP**6** 在 H1:J12 儲存格範圍，即會得到所需要的答案與所繪製的圖表。

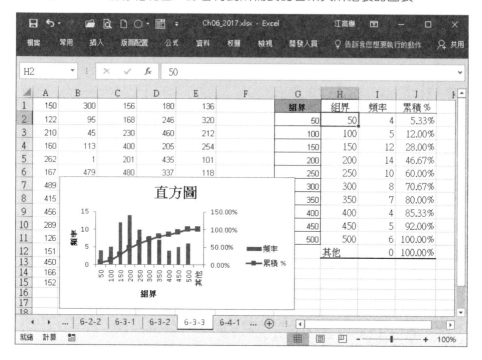

6-4 靈活應用加總公式與函數

只要是 Excel 的使用者都知道該如何使用 **加總** 工具,但它絕不是只能進行一般的加總計算而以,您一定得知道如何靈活應用加總公式與函數。

6-4-1 累進加總

SUM 函數是大家所熟悉的,也是 Excel 工作者使用的最多的函數,事實上它有許多靈活應用的特點,例如:搭配 LARGE 與 SMALL 函數一起使用,就能讓其計算功能再擴大。

首先,談到 **累進加總**,如下圖範例所示,如果要在 C 欄位計算每個月的累計加總,可以使用 SUM 函數加上 **混合參照**,即能運用「拖曳填滿控制點」的方式計算每個月的累進數字。

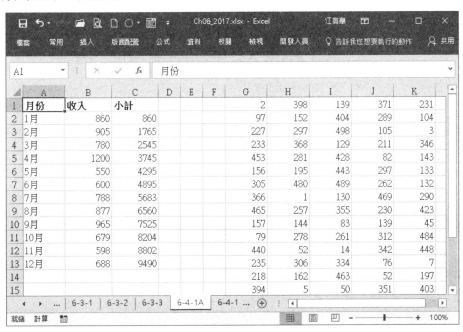

> 🔵 **說明**
>
> 上述範例 **累進加總** 的公式為「=SUM(B$2:B3)」,請特別注意,其中 B$2 是 混合 參照,B 為 相對參照、$2 為 絕對參照。

若要計算 G1:K15 儲存格範圍中最大的三個數值加總，或最小的三個數值加總，可以使用 SUM 搭配 LARGE 與 SMALL 函數來計算，公式分別列示如下：

=SUM(LARGE(G1:K15,({1,2,3})))
=SUM(SMALL(G1:K15,({1,2,3})))

上述公式中，我們發現 LARGE 與 SMALL 函數的引數，使用了陣列 {1,2,3}，代表前三個數值；如果是要計算前二十個數值的加總，是否此引數就要寫成 {1,2,3…18,19,20}。嗯！沒錯！所以當想求得的加總個數太多時，可以將公式改寫如下，完成後同時按 [Ctrl] + [Shift] + [Enter] 鍵。

=SUM(LARGE(G1:K15),ROW(INDIRECT("1:20")))

顯示公式

顯示結果

説明

公式中的「ROW(INDIRECT("1:20"))」就是分別指定 1 到 20 的數值，最後的計算結果為 加總，所以採用陣列公式處理，這樣就可以隨意變更加總的數值個數。

　　加、減法運算是從小到老算數中用得最多的，在電子試算表裡當然也不例外！雖然這項工作，可以用 公式 或 函數 來處理，但總要按好幾次滑鼠，有沒有更快一點的方法呢？嗯！好建議，Excel 已為您預備了 自動計算 工具，它可以自動設定使用者所選取儲存格範圍的 參照位址，同時執行 加總、平均值、最大值、最小值、計數…等運算。

範例 　自動計算工具

STEP**1** 　選擇欲執行加總運算之儲存格範圍，例如：D6:H14。

▲	A	B	C	D	E	F	G	H	I	J
1										
2				使用統計資料						
3		頻道分類			啟用數目					
4		頻道	啟用日期	第一季	第二季	第三季	第四季	小計		
5		社群	2013/1/15	1,360	1,810	2,260	2,710			
6		新聞	2013/1/15	4,730	5,180	5,630	6,080			
7		股市	2013/1/15	2,496	2,946	3,396	3,846			
8		運動	2013/1/15	4,125	4,575	5,025	5,475			
9		郵件	2013/1/15	5,962	6,412	6,862	7,312			
10		音樂	2013/1/15	3,539	3,989	4,439	4,889			
11		簡訊	2013/1/15	3,299	3,749	4,199	4,649			
12		購物	2013/1/15	2,109	2,559	3,009	3,459			
13										
14										

… 6-4-1A 　6-4-1 　6-4-1B 　6-4-2 　6-4-…

説明

多選擇了一空白欄及一空白列，目的是用來存放加總後的數值

STEP**2** 　執行 常用 > 編輯 > 加總 指令，即可以看到加總後的結果。

接下頁 ➡

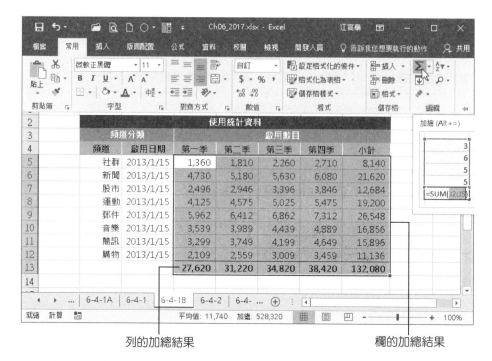

列的加總結果　　　　　　　　　　　　　　　　　欄的加總結果

STEP3　如果想計算總共有多少項，請執行 **常用 > 編輯 > 加總 > 計數** 即可。

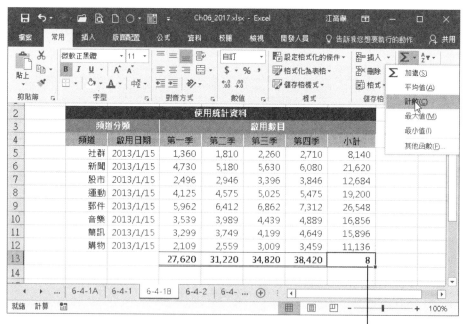

計算的結果為項目總數

6-4-2　條件式加總

針對一份資料，如果所執行的 **加總** 計算必須符合某些特定條件，即稱之為 **條件式加總**。在 Excel 中，可以使用 SUMIF 函數來處理。

範例　使用 SUMIF 函數執行條件式加總

STEP**1**　開啟範例檔案之後，選擇「6-4-2」工作表。

STEP**2**　選取 A1:F11 儲存格範圍，執行 **公式 > 已定義之名稱 > 從選取範圍建立** 指令，出現 **以選取範圍建立名稱** 對話方塊，勾選 ☑**頂端列** 核取方塊，按【確定】鈕，建立各欄的名稱。

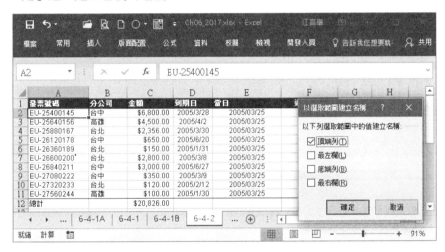

STEP**3**　如果要計算所有過期未入帳的總金額，請在 A16 儲存格輸入下列公式，得到答案為 3,520。

=SUMIF(過期時間 ,"<0", 金額)

STEP**4**　如果要計算到期日在「2005/06/01」之後的總金額，請在 A18 儲存格輸入下列公式，得到答案 8,150。

=SUMIF(到期日 ,">–2005/04/02", 金額)

STEP**5**　如果要計算台中分公司的金額總計，請在 E14 儲存格輸入下列公式，得到答案為 10,800。

=SUMIF(分公司 ," 台中 ", 金額)

如果要計算台中以外地區的金額總計，請在 **E15** 儲存格輸入下列公式，得到答案為 10,026。

=SUMIF(分公式 ,"<> 台中 ", 金額)

6-4-3 條件式加總精靈

Excel 2010 之前版本才有的 **條件式加總精靈**，讓您能夠依據某些條件，在一個資料庫中選取合乎要求的儲存格，計算之後得到總和。不過，從 Excel 2013、2016 版本之後，已不再提供此 **增益集**。如果軟體版本升級之後，仍然想使用這樣的計算方式，可以透過 SUM 和 IF 函數，或直接使用 SUMIFS 函數，達到同樣的目的。

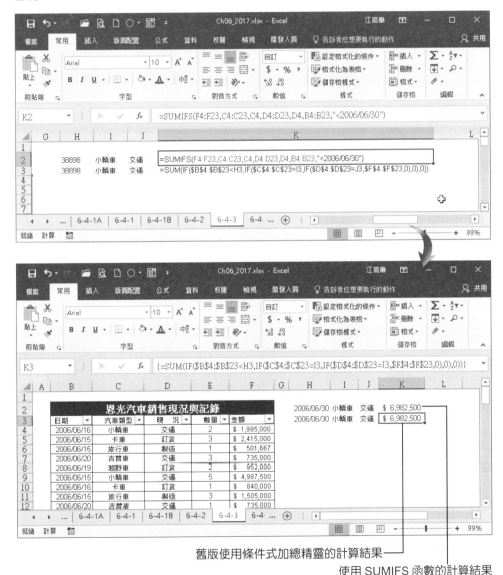

舊版使用條件式加總精靈的計算結果

使用 SUMIFS 函數的計算結果

6-4-4 隨機產生一組唯一的數值

不論是工作或娛樂，都可能碰上需要任意挑選一個數值的機會，例如：看電影、買車票、玩賓果…等。如果需要產生一些隨機數值，在 Excel 中要使用哪一項工具呢？

這一小節我們特別以產生一組樂透號碼為範例，說明如何使用 Excel 建立隨機數值。

範例 建立樂透號碼

STEP**1** 參考下圖建立一組數值表格，可以用隨機函數 RAND 產生。請在 A1:A6 儲存格範圍輸入下列公式，讓其產生 1 到 49 之間的任意 6 個號碼。

=INT(RAND()*49+1)

顯示公式

顯示結果

STEP**2** 由於這 6 個數值不能重複,所以請在 B1 儲存格輸入下列公式,然後按住其
右側的 **填滿控制點** 向下拖曳至 B6 儲存格。

=COUNTIF($A$1:$A$6,A1)

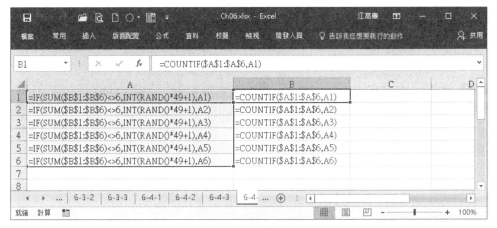

顯示公式

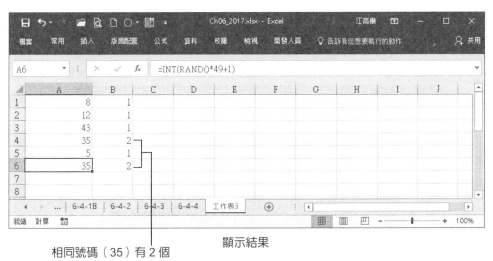

相同號碼(35)有 2 個

顯示結果

 説明

上述公式是協助我們計算在 A1:A6 儲存格範圍中,所產生相同號碼的隨機數值共
有幾個。

為了避免產生相同數值，重新將 A1 儲存格的公式改寫如下，然後按住其右側的 **填滿控制點** 向下拖曳至 A6 儲存格，完成一組 6 個的隨機號碼。。

=IF(SUM($B$1:$B$6) <> 6,INT(RAND()*49+1),A1)

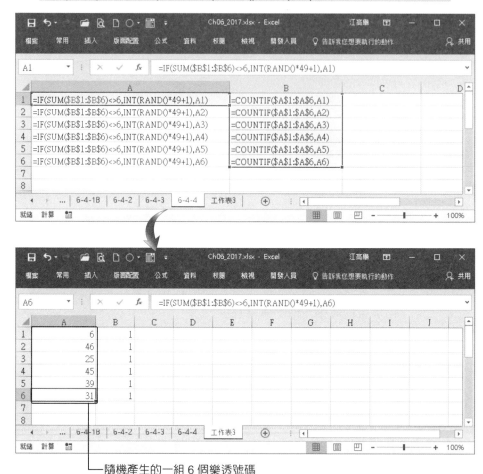

└─隨機產生的一組 6 個樂透號碼

Chapter 7

財務函數的應用

7-1 借貸計算

7-2 使用運算資料表

7-3 計算單一投資項目

7-4 計算定時定額投資

7-5 分析債券價格

7-6 折舊計算

在日常生活或工作中，總是會碰到一些借貸、清償等財務性質的事情，如果需要進一步加以計算，那可不是件簡單的工作。但如果您能熟悉 Excel 所提供的財務函數，瞬間這些事情就不能再為難您了。請參考本章所提供的說明，期望能讓您有動力進一步去熟悉 Excel 的財務函數。

7-1　借貸計算

在現今的社會中，向銀行借貸金錢已經是很平常的事情，但是別忘了，銀行是不會做虧本生意的，利息可一定要算清楚。這一小節將說明借貸款項時，常用的一些計算公式與函數。

7-1-1　PMT、PPMT 與 IPMT 函數

此節所探討的三個有關 PMT 的函數，主要是針對固定利率的貸款，進行本金、利息與本利給付的計算。

● PMT 函數：求得每期付款金額及利率固定之年金期付款數額。

語法

PMT(rate,nper,pv,fv,type)

引數

rate：為各期的利率。例如：房屋貸款為年利率 8%，每月付款一次，則每月的利率是 8%/12 或是 0.83%，也就是在公式的 ***rate*** 引數的位置輸入 8%/12 或 0.83% 或 0.0083。

nper：付款總期數。例如：房屋貸款為 30 年，每月付款一次，則貸款期數為 30*12（或 360），則在公式的 ***nper*** 引數的位置輸入 360。

pv：為未來各期年金現值的總和或稱為貸款總額。

fv：為最後一次付款完成後，所能獲得的現金餘額（年金終值）。如果省略 ***fv*** 引數，會自動假定為 0。

type：為 0 或 1 的數值，用以界定各期金額的給付時點。

● PPMT 函數：某項投資每期付款金額及利率皆為固定，求取於某期付款中的本金金額。

語法

PPMT(rate,per,nper,pv,fv,type)

引數

rate：為各期的利率。

per：為所求的特定期間，其值必須介於 1 與 nper（期數）之間。

npe：為年金的總付款期數。

pv：為未來各期年金現值的總和。

fv：為最後一次付款完成後，所能獲得的現金餘額（年金終值）。如果省略 ***fv***
引數，會自動假定為 0，也就是說，貸款的年金終值是 0。

type：為 0 或 1 的數值，用以界定各期金額的給付時點。

● IPMT 函數：某項投資每期付款金額及利率皆為固定，求取於某期付款中
的利息金額。

語法

IPMT(rate,per,nper,pv,fv,type)

引數

rate：為各期的利率。

per：為求算利息的期次，其值必須介於 1 到 ***nper***（期數）之間。

nper：為年金的總付款期數。

pv：指現值或一系列未來付款的目前總額。

fv：為最後一次付款完成後，所能獲得的現金餘額（年金終值）。如果省略 ***fv***
數，會自動假定為 0（例如貸款年金終值是 0）。

type：為 0 或 1 的數值，用以界定各期金額的給付時點。如果省略 ***type***，則
假設其值為 0。

範例　使用 PPMT、IPMT、PMT 函數

STEP**1**　開啟範例檔案之後，選擇「7-1-1」工作表。

STEP**2**　在 C2:C6 儲存格範圍，分別輸入貸款所需的各項條件。此範例為貸款總額 1
萬，年利率 9.5%，還款週期為每月固定日期還款，貸款年限為 3 年。

STEP**3**　在 F2 儲存格輸入 PPMT 函數的公式，如果想要求得第 18 個月本金還款數
額，請輸入下列公式，得到答案為 245，此為第 18 個月單月應付本金。

=PPMT(C3*(C4/12),18,C5,-C2,0)

在 F3 輸入下列 IPMT 函數的公式，以求得對應的利息，得到答案為 75.33，此為第 18 個月單月應付利息。

=IPMT(C3*(C4/12),18,C5,-C2,0)

在 F4 儲存格輸入下列 PMT 函數的公式，以求得應付本利，得到答案為 320.33，此為每月應付本金與利息。

=PMT(C3*(C4/12),C5,-C2,0)

視需要可以將 36 期的還款金額建立為表格，並且畫出對應的圖表，觀察本金與利息的還款趨勢。（借款總額為 10 萬元）

還款期數	每期應付本利金額	每期應付本金	每期應付利息
1	$3,203.29	$2,411.63	$791.67
2	$3,203.29	$2,430.72	$772.57
3	$3,203.29	$2,449.96	$753.33
4	$3,203.29	$2,469.36	$733.94
5	$3,203.29	$2,488.91	$714.39
6	$3,203.29	$2,508.61	$694.68
7	$3,203.29	$2,528.47	$674.82
8	$3,203.29	$2,548.49	$654.81
9	$3,203.29	$2,568.66	$634.63
10	$3,203.29	$2,589.00	$614.30
11	$3,203.29	$2,609.50	$593.80
12	$3,203.29	$2,630.15	$573.14
13	$3,203.29	$2,650.98	$552.32
14	$3,203.29	$2,671.96	$531.33
15	$3,203.29	$2,693.12	$510.18
16	$3,203.29	$2,714.44	$488.86
17	$3,203.29	$2,735.93	$467.37
18	$3,203.29	$2,757.59	$445.71
19	$3,203.29	$2,779.42	$423.88
20	$3,203.29	$2,801.42	$401.87
21	$3,203.29	$2,823.60	$379.70
22	$3,203.29	$2,845.95	$357.34
23	$3,203.29	$2,868.48	$334.81
24	$3,203.29	$2,891.19	$312.10
25	$3,203.29	$2,914.08	$289.22
26	$3,203.29	$2,937.15	$266.15
27	$3,203.29	$2,960.40	$242.89
28	$3,203.29	$2,983.84	$219.46
29	$3,203.29	$3,007.46	$195.83
30	$3,203.29	$3,031.27	$172.03
31	$3,203.29	$3,055.27	$148.03
32	$3,203.29	$3,079.45	$123.84
33	$3,203.29	$3,103.83	$99.46
34	$3,203.29	$3,128.41	$74.89
35	$3,203.29	$3,153.17	$50.12
36	$3,203.29	$3,178.13	$25.16

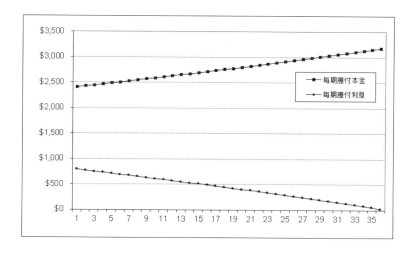

7-1-2 計算現值與終值

針對某一項投資方案,如果想要評估其是否可行,可以使用 NPV、PV 或 FV 函數。

NPV 函數

使用貼現率和未來各期的收入(正值)或支出(負值),計算投資的淨現值。

語法

NPV(rate,value1,[value2],...)

引數

rate:指一段期間的貼現率。

value1, ***[value2]***, ...:未來各期的支出(負值)和收入(正值)。***value1*** 為必要引數,***value2*** 之後為選用,最多 254 個。

如果某資訊公司欲購買設備一批,總價值(含各項管銷費用)為 50 萬元,在未來 5 年預估每年藉由此設備可收入 15 萬元,假設其貼現率(包含通貨膨脹率與投資金額利率)為 15%,請試算此投資案是否可行?

範例 現值計算─使用 NPV 函數評估投資案是否可行

STEP**1** 點選要計算的儲存格,按
資料編輯列 左側的 **插入函**
數 f_x 鈕,出現 **插入函數**
對話方塊,**類別** 選擇 **財**
務,**函數** 選擇 NPV,按
【確定】鈕。

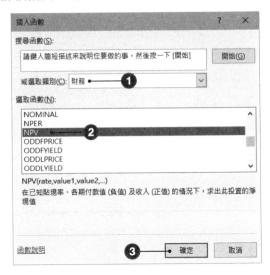

STEP**2** 出現 **函數引數** 對話方塊,輸入貼現率(**Rate**)和 5 年各期的收入金額
(**Value1、Value2…**),按【確定】鈕。

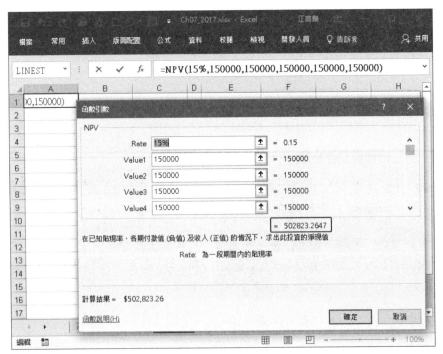

　　經過計算之後,所得的結果為 502,823.2647 元,扣除投資金額 50 萬,還
有約 2,823 元,表示此投資案可以考慮執行。

PV 函數

依據固定利率計算貸款或投資的年金現值。所求得的年金現值為未來各期年金現值的總和。

語法

PV(rate,nper,pmt,fv,type)

引數

rate：各期的利率。例如：房屋貸款為年利率 8%，每月付款一次，則每月的利率是 8%/12 或是 0.83%，也就是在公式的 rate 引數的位置輸入 8%/12 或 0.83% 或 0.0083。

nper：付款總期數。例如：房屋貸款為 30 年，每月付款一次，則貸款期數為 30*12（或 360），則在公式的 **nper** 引數的位置輸入 360。

pmt：為各期所應給付（或所能取得）的固定金額。一般而言，**pmt** 引數包含本金和利息，但不包含其他費用或稅金。如果忽略 **pmt** 引數，則必須要包含 **fv** 引數。

fv：為最後一次付款完成後，所能獲得的現金餘額（年金終值）。如果省略 **fv** 引數，會自動假定為 0。

type：為 0 或 1 的數值，用以界定各期金額的給付時點。

如果某公司打算分期付款購買 50 萬元的設備，廠商提供下列二種分期方式，採購人員需決定採用何種方法，這時要如何判斷應使用何種方式呢？您可以使用 PV 函數分別計算二個方案的結果後再來比較。

- **甲案**：頭期款 10 萬元，每月攤還 5 萬，分 10 期支付，年利率 9%。
- **乙案**：頭期款 20 萬元，每月攤還 1.5 萬，分 36 期支付，年利率 9.5%。

範例　現值計算—使用 PV 函數評估投資案是否可行

STEP**1**　依據範例所述的條件建立如下圖所示的工作表。

接下頁 ➡

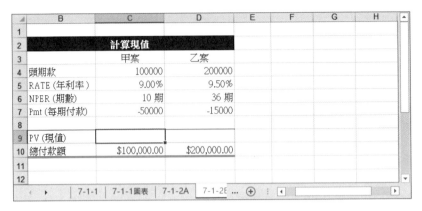

	B	C	D	E	F	G	H
1							
2		計算現值					
3		甲案	乙案				
4	頭期款	100000	200000				
5	RATE (年利率)	9.00%	9.50%				
6	NPER (期數)	10 期	36 期				
7	Pmt (每期付款)	-50000	-15000				
8							
9	PV (現值)						
10	總付款額	$100,000.00	$200,000.00				
11							
12							

7-1-1　7-1-1圖表　7-1-2A　**7-1-2E** …　⊕

STEP**2** 分別點選 C9、D9 儲存格，按 **資料編輯列** 左側的 **插入函數** f_x 鈕；出現 **插入函數** 對話方塊，**類別** 選擇 **財務**，**函數** 選擇 PV，按【確定】鈕。

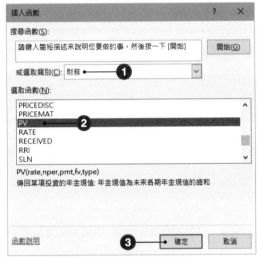

STEP**3** 出現 **函數引數** 對話方塊，輸入相關引數資料後，按【確定】鈕。

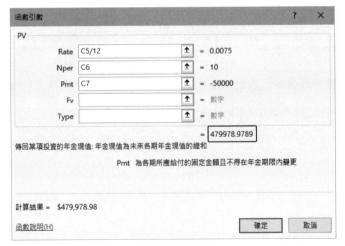

甲案的引數設定

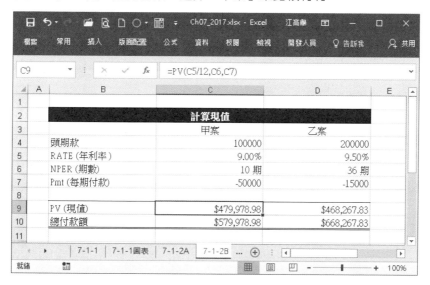

乙案的引數設定

經過計算之後，發現使用「甲案」的總付款額約為 579,979 元，「乙案」的總付款額為 668,268 元，如此看來，選擇「甲案」案比較有利。

FV 函數

根據週期、固定支出，以及固定利率，求得投資的未來價值。

語法

FV(rate,nper,pmt,pv,type)

引數

rate：各期的利率。

nper：為年金的總付款期數。

pmt：指分期付款。不得在年金期限內變更。通常 **pmt** 包含本金和利息，沒有其他費用或稅金。如果忽略 **pmt**，則必須包含 **pv** 引數。

pv：指現值或一系列未來付款的目前總額。如果省略 **pv**，則假設為 0（零），並且必須包含 **pmt** 引數。

type：為 0 或 1 的數值，用以界定各期金額的給付時點。如果省略 type，則假設其值為 0。

範例　終值計算─使用 FV 函數評估投資案是否可行

如果以定期定額方式儲蓄，每年存入 5 萬元，預估年利率 6%，10 年後可領回多少錢？這時可以採用 FV 函數來計算。但請特別留意！這筆錢是在年初馬上存入，還是於每年的年底存入，結果大不相同哦！

▲	E	F	G	H	I	J	K	L
1								
2			計算終值					
3			期末存入	期初存入				
4		期初或期末	0	1				
5		RATE (年利率)	6.00%	6.00%				
6		NPER (期數)	10 年	10 年				
7		Pmt (每期存款)	-50000	-50000				
8								
9		FV (終值)						
10								
11								
12								

| ◀ ▶ | 7-1-1 | 7-1-1圖表 | 7-1-2A | 7-1-2E ... | ⊕ | ◀ | | ▶ |

● **期末年金**：FV(6%,10,-5000,,0)=659,040

● **期初年金**：FV(6%,10,-5000,,1)=698,582

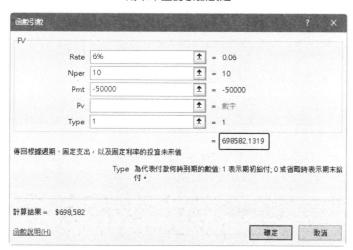

期末年金的引數設定

期初年金的引數設定

H9			▼	:	×	✓	fx	=FV(H5,H6,H7,,H4)			

⊿	E	F	G	H	I	J	K	L
1								
2			**計算終值**					
3			期末存入	期初存入				
4		期初或期末	0	1				
5		RATE (年利率)	6.00%	6.00%				
6		NPER (期數)	10 年	10 年				
7		Pmt (每期存款)	-50000	-50000				
8								
9		FV (終值)	$659,040	$698,582				
10								
11								
12								

◀	▶	7-1-1	7-1-1圖表	7-1-2A	7-1-2E ...	⊕	:	◀		▶

7-1-3 信用卡循環利息

現在幾乎每個人身上最少都有一張信用卡，年輕的朋友甚至有許多張信用卡；每天買東西、上館子隨時輕鬆刷卡時，別忘了這筆費用還等著付呢！或許您會說不急、不急，到時付個最低繳款金額就好了。哇！老兄，這利息很貴耶！那可是殺人不見血的東西，一不小心就會變成卡奴了！請看看這小節的內容，自己算算就能夠明白，是否要用這種利息借錢了！

範例 使用 NPER 函數計算信用卡的循環利息

STEP**1** 開啟範例檔案之後，選擇「7-1-3」工作表。

STEP**2** B1:C4 儲存格範圍是信用卡帳單的相關數據，您也可以將自己信用卡帳單的資料輸入到對應的位置。

STEP**3** 在 F1 儲存格輸入下列公式，計算需還款的期 (月) 數。

```
=NPER ( 年利率 /12, 實付最低繳款金額 , - 信用卡帳單金額 ,0)
=NPER(C2/12,C4,-C1,0)
```

STEP**4** 在 F3 儲存格輸入公式「=F1*C4」，可以得到要繳給信用卡公司的總金額。

STEP**5** 在 F4 儲存格輸入公式「=F2-C1」，得到您所付的利息總額。

此範例 1 萬元的帳單，結果付了接近 9 仟元的利息，請慎思！

7-1-4 貸款清償表

如果某公司向銀行借貸了 250 萬，年利率 6.25%，約定每月固定日期還款，貸款期限為 3 年。希望能自己建立一張「貸款清償表」，以瞭解日後資金的需求與調度，可以參考這一小節的範例操作。

範例 建立貸款清償計畫

STEP**1** 開啟範例檔案之後，選擇「7-1-4」工作表。

STEP**2** 在 B1:B4 儲存格範圍，輸入貸款的相關資料；在 A7:H7 儲存格範圍，輸入相關的欄位名稱。

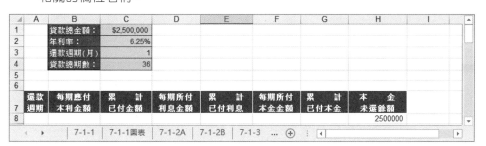

STEP**3** 先於 H8 輸入貸款總額，例如：2,500,000；再於 A9 輸入公式「=A8+1」；B9 輸入下列公式，得到結果 76338。

```
=PMT($C$2*($C$3/12),$C$4,-$C$1)
```

STEP**4** 於 C9 儲存格輸入公式「=C8+B9」，計算累計支付金額。

STEP**5** 於 D9 輸入下列公式，計算當期所付利息。

```
=IPMT($C$2*($C$3/12),A9,$C$4,-$C$1)
```

STEP**6** 於 E9 輸入公式「=E8+D9」，計算累計支付的利息。

STEP**7** 於 F9 輸入下列公式，計算當期所付本金。

```
=PPMT($C$2*($C$3/12),A9,$C$4,-$C$1)
```

STEP**8** 於 G9 輸入公式「=G8+F9」，計算累計已付本金。

STEP**9** 於 H9 輸入公式「=H8-H9」，計算未還本金。

STEP**10** 選取 A9:H9 儲存格範圍，以滑鼠左鍵按住右下角的 **填滿控制點**，向下拖曳填滿至第 44 列，完成貸款清償表。

	F9		× ✓	f_x	=PPMT($C$2*($C$3/12),A9,$C$4,-$C$1)		

	A	B	C	D	E	F	G	H
6								
7	還款週期	每期應付本利金額	累　計已付金額	每期所付利息金額	累　計已付利息	每期所付本金金額	累　計已付本金	本　金未還餘額
8								2500000
9	1	76338	76338	13021	13021	63318	63318	2436682
10	2	76338	152677	12691	25712	63647	126965	2373035
11	3	76338	229015	12360	38071	63979	190944	2309056
12	4	76338	305353	12026	50098	64312	255256	2244744
13	5	76338	381692	11691	61789	64647	319903	2180097
14	6	76338	458030	11355	73144	64984	384886	2115114
15	7	76338	534368	11016	84160	65322	450208	2049792
16	8	76338	610707	10676	94836	65662	515871	1984129
17	9	76338	687045	10334	105170	66004	581875	1918125
18	10	76338	763384	9990	115160	66348	648223	1851777
19	11	76338	839722	9645	124805	66694	714917	1785083
20	12	76338	916060	9297	134102	67041	781958	1718042
21	13	76338	992399	8948	143050	67390	849348	1650652
22	14	76338	1068737	8597	151648	67741	917089	1582911
23	15	76338	1145075	8244	159892	68094	985183	1514817
24	16	76338	1221414	7890	167782	68449	1053632	1446368
25	17	76338	1297752	7533	175315	68805	1122437	1377563
26	18	76338	1374090	7175	182490	69164	1191601	1308399
27	19	76338	1450429	6815	189304	69524	1261125	1238875
28	20	76338	1526767	6452	195757	69886	1331011	1168989
29	21	76338	1603105	6088	201845	70250	1401260	1098740
30	22	76338	1679444	5723	207568	70616	1471876	1028124
31	23	76338	1755782	5355	212922	70984	1542860	957140
32	24	76338	1832120	4985	217908	71353	1614213	885787
33	25	76338	1908459	4613	222521	71725	1685938	814062
34	26	76338	1984797	4240	226761	72098	1758036	741964
35	27	76338	2061136	3864	230625	72474	1830510	669490
36	28	76338	2137474	3487	234112	72851	1903362	596638
37	29	76338	2213812	3107	237220	73231	1976592	523408
38	30	76338	2290151	2726	239946	73612	2050205	449795
39	31	76338	2366489	2343	242289	73996	2124200	375800
40	32	76338	2442827	1957	244246	74381	2198581	301419
41	33	76338	2519166	1570	245816	74768	2273350	226650
42	34	76338	2595504	1180	246996	75158	2348508	151492
43	35	76338	2671842	789	247785	75549	2424057	75943
44	36	76338	2748181	396	248181	75943	2500000	(0)

◀ ▶ ...　| 7-1-2A | 7-1-2B | 7-1-3 | 7-1-4 | 7-2-1 | ... ⊕

貸款清償表

7-2 使用運算資料表

什麼叫 **運算資料表**？基本上就是提出一個問題要求列表解答。例如：「公司的紅利增加，相對營業額應該再提高多少？」或「貸款年限、總貸款額度與貸款利率的關係如何？」本節將以實例說明相關的操作。

7-2-1 單變數資料表

您可以建立一張「運算資料表」來記錄問題，以便變更不同的參數值時，直接代入公式得出結果。

假如您想貸款 100 萬元，年利率 11%，貸款年限為 10 年。代入公式計算，得知每月付款 $13,775 元。若希望計算不同年利率所得的結果，或變更總貸款額度、延長貸款年限，透過這張記錄表可以再加個別計算。

範例 **貸款利息比較表—以「年利率」為單一變數求解**

STEP**1** 開啟範例檔案之後，選擇「7-2-1」工作表。

STEP**2** 先在 B1:B4 儲存格範圍中，輸入貸款的相關資料，再於 B6 儲存格輸入下列公式：

=PMT(B2*(B3/12),B4,-B1)

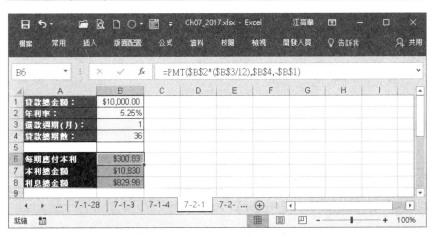

STEP**3** 在 B7 輸入公式「=B6*B4」，得到本利總金額；在 B8 輸入公式「=B7-B1」得到利息總金額。

STEP**4** 於 C10:I10 儲存格範圍中，輸入不同的年利率值。

財務函數的應用

STEP**5** 在 B11 儲存格輸入公式「=B6」，表示每期應付本利。

STEP**6** 在 B12 儲存格輸入公式「=B7」，表示本利總金額。

STEP**7** 在 B13 儲存格輸入公式「=B8」，表示利息總金額。

STEP**8** 選取 B10:I13 儲存格範圍，執行 **資料 > 預測 > 模擬分析 > 運算列表** 指令。

STEP**9** 出現 **運算列表** 對話方塊，在 **列變數儲存格** 中輸入 B2，按【確定】鈕，
得到單變數資料表。

僅輸入此欄位

> 📍 **説明**
>
> 在此範例中，B11:B13 儲存格範圍的公式，必須與 B2 儲存格有關聯，否則計
> 算結果會不正確！

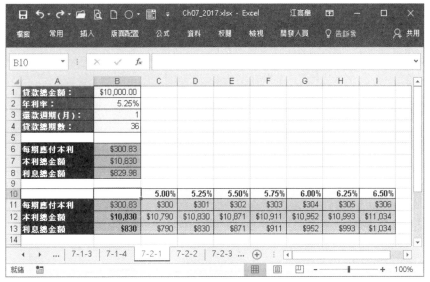

單變數資料表

7-2-2 雙變數資料表

如果有雙變數的運算式，同樣可以使用「運算資料表」來計算並獲得結果。
例如：將 **貸款額度** 與 **年利率** 同時設定為變數，其操作步驟與單變數雷同。

範例 **貸款額度與利息比較表**

STEP**1** 開啟範例檔案之後，選擇「7-2-2」工作表。

STEP**2** 先在 B1:B4 儲存格範圍中，輸入貸款的相關資料，再於 B6 儲存格輸入下列
公式：

`=PMT(B2*(B3/12),B4,-B1)`

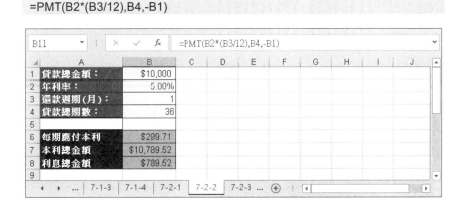

STEP3 在 B7 輸入公式「=B6*B4」,得到本利總金額;在 B8 輸入公式「=B7-B1」,得到利息總金額。

STEP4 在 B11 儲存格輸入公式「=B6」。

STEP5 在 C11:I11 儲存格範圍,分別輸入不同的年利率。

STEP6 在 B12:B17 儲存格範圍,分別輸入不同的貸款總金額。

STEP7 選取 B11:I17 儲存格範圍,執行 **資料 > 資料工具 > 模擬分析 > 運算列表** 指令。

STEP8 出現 **運算列表** 對話方塊,在 **列變數儲存格** 輸入 B2,在 **欄變數儲存格** 輸入 B1,按【確定】鈕,得到雙變數資料表。

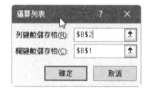

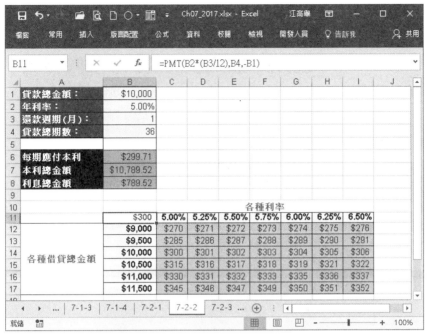

雙變數資料表

 說明

　　在此範例 B11 儲存格的公式內容，必須與 B2、B3 儲存格有關聯。

7-2-3　非規則性償還貸款

　　當借貸款項在執行償還時，過程可能會出現不規則的還款數目，甚至額外新增貸款額度，此時可以建立一個非規則性償還貸款清單來檢視相關數據。

範例　彈性還款計算方法

STEP**1**　開啟範例檔案之後，選擇「7-2-3」工作表。

STEP**2**　在 B1 儲存格輸入利率，例如：5.5%；並且將此儲存格定義名稱為「利率」。

STEP**3**　參考附圖，在相關儲存格輸入對應的欄位名稱。

STEP**4** 在 A4 儲存格輸入原始貸款；B4 儲存格輸入貸款總額（例如：-10,000）；C4 儲存格輸入還款日期；在 H4 儲存格輸入借貸餘額（例如：+10,000）。

STEP**5** 在 A5 儲存格輸入 1；B5 儲存格輸入當期所償還的金額（例如：200）；在 C5 儲存格輸入還款日期；在 D5 儲存格輸入下列公式：

=IF(B5>0,((((C5-C4)/365)*H4)* 利率 ,0)

STEP**6** 在 E5 儲存格輸入公式「=B5-D5」。

STEP**7** 在 F5 儲存格輸入下列公式：

=IF(B5>0,F4+B5,F4)

STEP**8** 在 G5 儲存格輸入下列公式：

=IF(B5>0,G4+D5,G4)

STEP**9** 在 H5 儲存格輸入公式「=H4-E5」。

STEP**10** 參考步驟 5~9，逐一輸入相關資料，也可以使用拖曳 **填滿控制點** 的方式來處理。

> **説明**
>
> **每期所付本利** 欄位中每一儲存格的數值，代表每期不規則還款的數額，使用者可自行變更這些數值大小。

STEP**11**如果有額外新增的貸款,如下圖所示的 A10、A15 儲存格,則在對應的 B10、B15 儲存格要輸入負值,其餘不變。

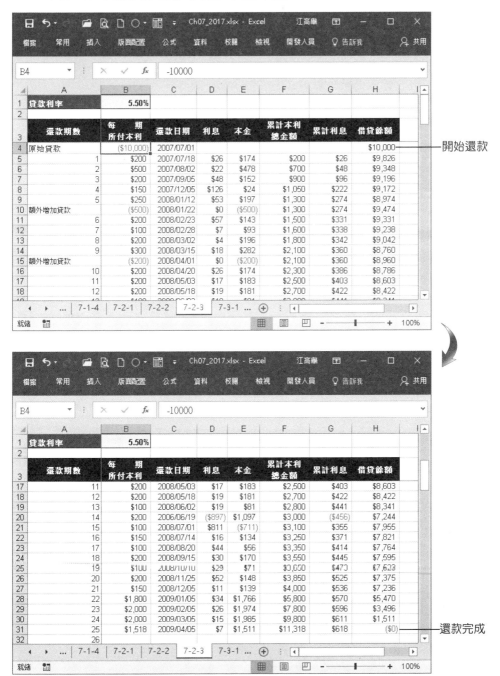

開始還款

還款完成

7-3 計算單一投資項目

如果單一投資項目並未含有複雜的條件，使用簡單的公式處理即可。

範例 簡單的利息計算

STEP**1** 開啟一張工作表，在 B3 儲存格輸入投資金額，B4 儲存格輸入年利率（或報酬率），B5 輸入投資年限。

STEP**2** 在 B7 儲存格輸入公式「=B3*B4*B5」，得到利息（報酬）。

STEP**3** 在 B8 輸入公式「=B3+B7」，得到投資與報酬總合。

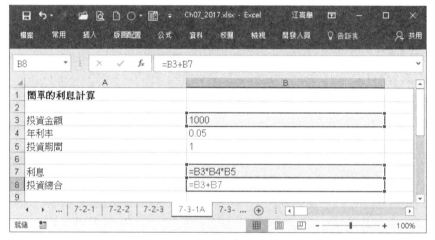

顯示公式

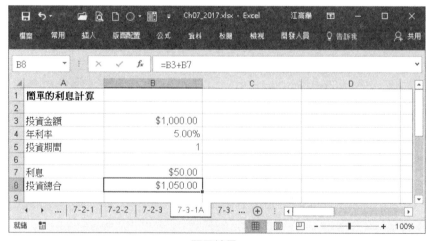

顯示結果

如果單一投資項目，要以「複利」來計算，請參考下面三個範例。

範例　計算每月獲利

假如投資總額為 5,000 元，年利率 5.75%，投資期數 12 個月。

STEP**1** 開啟一張工作表，於 B8 輸入公式「=C7*($B$3*(1/12))」。

STEP**2** 於 C8 輸入公式：=C7+B8。

STEP**3** 使用滑鼠按住 **填滿控制點** 的方式，拖曳將表格填滿至 C19 儲存格，即能計算出每月獲利。。

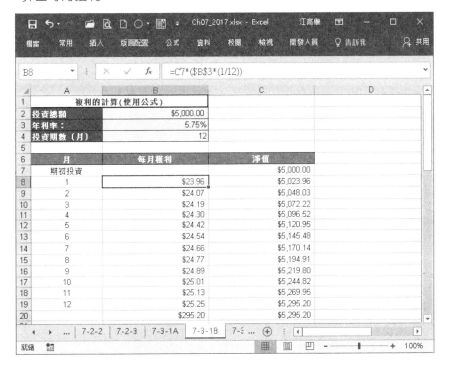

範例　使用 FV 函數計算投資報酬

假如投資總額為 5,000 元，年利率 5.75%，每年複利週期為 4 次，投資期數 3 年，可以使用 FV 函數搭配公式計算出投資報酬。

STEP**1** 參考下圖，在 F2:F5 儲存格範圍分別輸入投資的相關數據。

STEP**2** 在 F7 儲存格輸入公式「=F3*(1/F4)」，得到單期利率。

STEP**3** 在 F8 輸入下列公式，得到投資期末淨值。

=FV(F7,F4*F5,,-F2)」，得到投資期末淨值。

STEP**4** 在 F9 輸入公式「=F8-F2」，得到投資獲利值。

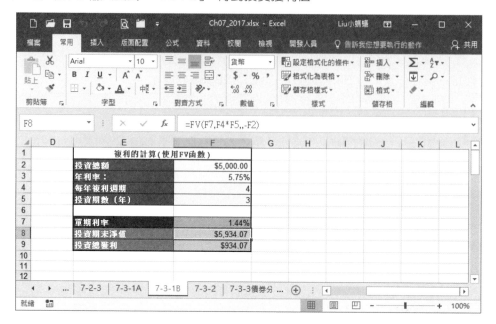

範例 使用 EXP 函數連續計算投資報酬

假如投資總額為 5,000 元，年利率 5.75%，投資期數 3 年，如果要以複利連續計算的方式得知投資報酬，請參考下列操作步驟。

STEP**1** 參考下圖，在 F18 儲存格輸入下列公式，得到期末淨值。

=F14*EXP(F15*F16)

STEP**2** 在 F19 儲存格輸入公式「=(F18-F14)/F14」，得到投資報酬率。

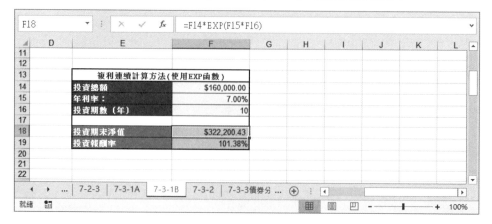

7-4 計算定時定額投資

在投資理財的各項方案中，**定時定額** 投資計劃是一項不錯的選擇，它可以讓一般薪資階級規劃每期的投資額度，達到儲蓄的目的；更重要的是可以分攤風險，長期而言（10 年以上），其投資報酬率都有不錯的表現！

這個範例提供 **固定利率** 的計算，您可以依據此結果評估一些「投資基金」的操作效益，如果每個月投資 5,000 元，投資 10 年，其年利率（報酬率）為 4.25%，則 10 年後可得到的淨值為何？

範例 計算定時定額投資的報酬率

STEP**1** 開啟範例檔案之後，選擇「7-3-2」工作表。

STEP**2** 在 C4:C9 輸入投資項目的相關數據，如下圖所示。請特別留意！在 C7 儲存格要輸入 TRUE 或 FALSE 邏輯值。

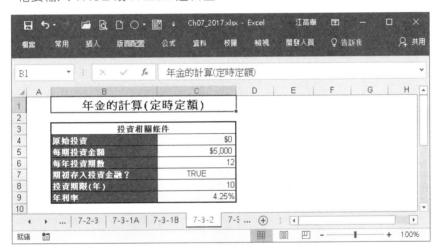

STEP**3** 在 C12:C15 儲存格範圍要計算總投資金額與單期利率，因此，在 C15 儲存格輸入公式「=C9*(1/C6)」，得到單期利率。

STEP**4** 在 C16 儲存格輸入下列公式，以求得期末淨值。

    =FV(C15,C6*C8,-C5,-C4,IF(C7,1,0))

STEP**5** 在 C17 儲存格輸入公式「=C16-C14」，求得期末報酬。

接下頁 ➡

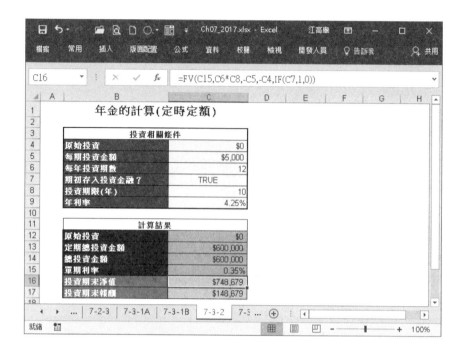

7-5 分析債券價格

如果經營者欲投資債券或發行債券，總要針對此項事情進行評估，以便檢核其投資行為是獲利？還是虧損？同樣的，針對股票的買賣或發行，也要仔細評估！Excel 提供了幾個函數，讓您進行概略性的評估。

若目前正打算購買「超硬公司」所發行的公司債，以便進行長期投資，此公司債面額 10 萬元，發行日期為 2017 年 1 月 1 日，到期日為 2022 年 1 月 1 日，票面利率（年息）8%，於每年 1 月 1 日與 7 月 1 日各付息一次，現行市場有效利率（收益利率）為 9%。在此條件之下，應如何做決定呢？

範例 使用 PRICE 與 YIELD 函數分析債券價格

STEP**1** 透過 PRICE 函數協助計算其每百元的價格，以利判斷。計算式如下所示，所得結果為 96.0436。

`=PRICE(DATE(2006,1,1),DATE(2011,1,1),0.08,0.09,100,2,0)`

STEP**2** 若債券公司將每百元價格以 95 元折價銷售，則可以使用 YIELD 函數計算收益率，如果其值大於現行市場收益利率，則為有效投資。計算式如下所示：

`=YIELD(DATE(2006,1,1),DATE(2011,1,1),0.08,95,100,2,0)`

接下頁 ➡

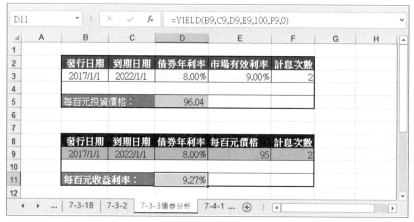

分別使用 PRICE 與 YIELD 函數的計算結果

說明

YIELD 函數的 *settlement* 與 *maturity* 引數必須使用 日期格式。

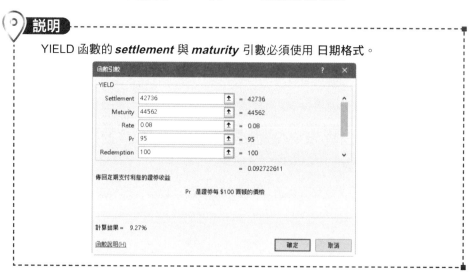

7-6 折舊計算

公司在進行會計處理程序時，會特別針對某些資產，攤提 **折舊**。常用的折舊計算方式有：**定率遞減法、倍數餘額遞減法、直線折舊法、年數合計法**…等，在 Excel 中已有設定對應的函數供使用者應用，詳情請看本節的說明。

7-6-1 定率遞減法—DB 函數

定率遞減法 的函數名稱為 DB，它需要輸入：資產價格、殘值、使用年限、折舊期（第幾年）、第一年的月份。其所使用的公式如下所示：

$$折舊額 = 1 - \sqrt[使用年數]{\frac{殘值}{成本}}$$

假設某公司購買電腦設備一批，其總價值為 100 萬元，可使用年限為 4 年，其殘值為 15 萬元，購買時間為當年的 8 月份，其每個年度所要攤提的折舊額為何？經計算後結果如下：

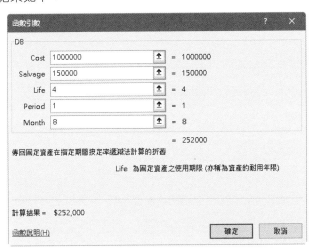

第 1 年折舊額 =DB(1000000,150000,4,1,8)=252,000

第 2 年折舊額 =DB(1000000,150000,4,2,8)=282,744

第 3 年折舊額 =DB(1000000,150000,4,3,8)=175,866

第 4 年折舊額 =DB(1000000,150000,4,4,8)=109,389

第 5 年折舊額 =DB(1000000,150000,4,5,8)=22,680

7-6-2　倍數餘額遞減—DDB 函數

　　倍數餘額遞減法 的函數名稱為 DDB，其所用的資料，除了與 **定率遞減法** 一樣之外，還要增加一個 **遞減速率** 的資料。其所使用的公式如下所示：

$$折舊額 = \frac{(原始成本-前期折舊總額) \times 遞減速率}{成本}$$

　　依據前一小節的範例，使用 **倍數餘額遞減法**，所求得的各年度折舊額如下所示：

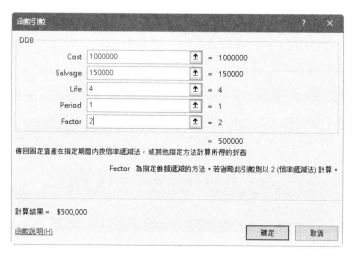

　　第 1 年折舊額 =DDB(1000000,150000,4,1,2)=500,000

　　第 2 年折舊額 =DDB(1000000,150000,4,2,2)=250,000

　　第 3 年折舊額 =DDB(1000000,150000,4,3,2)=100,000

　　第 4 年折舊額 =DDB(1000000,150000,4,4,2)=0

　　如果您要計算的是第幾個月的折舊額，則可以在折舊期乘以 12；如果要以 3 倍速率折舊，則在遞減速率位置改為 3，例如：依範例資料，我們要以 3 倍速率，計算第 7 個月的折舊額，其 DDB 函數的計算方式如下：

　　折舊額 =DDB(1000000,150000,4X12,7,3)=42,433.00

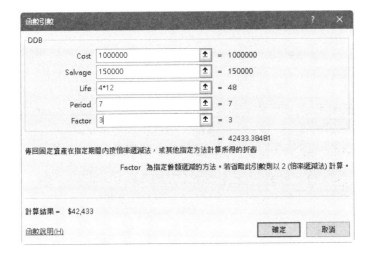

7-6-3　直線折舊法—**SLN** 函數

　　所謂 **直線折舊法**，就是每期攤提的折舊額都一樣，因此輸入資料時，不需要再輸入期數。

　　折舊額 =SLN(1000000,150000,4)=212,500

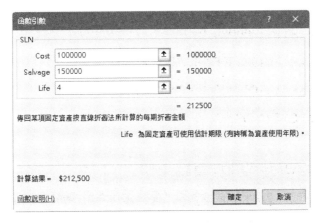

7-6-4 年數合計法 -SYD 函數

年數合計法 使用的函數是 SYD 函數，其所需要輸入的資料與前面相似，其所使用的公式如下所示：

$$折舊額 = \frac{(資產產價 - 殘值) \times (使用年限 - 折舊期 + 1) \times 2}{使用年限 \times (使用年限 + 1)}$$

依循前面的範例，改為使用 SYD 函數求得每年要攤提的折舊額。

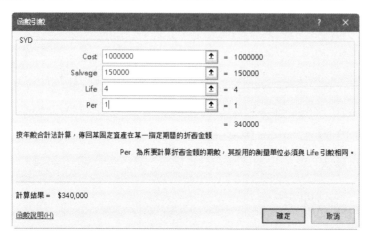

第 1 年折舊額 =SYD(1000000,150000,4,1)=340,000

第 2 年折舊額 =SYD(1000000,150000,4,2)=255,000

第 3 年折舊額 =SYD(1000000,150000,4,3)=170,000

第 4 年折舊額 =SYD(1000000,150000,4,4)=85,000

7-6-5 計算特定時段的折舊總金額

如果有一項資產是長期認列折舊金額，那麼要在指定 **餘額遞減速率** 的條件下，計算第 2 年到第 5 年的折舊總金額，其計算方式如下。

STEP**1** 開啟範例檔案之後，選擇「7-4-5」工作表。

STEP**2** 參考下圖，在 B3:H3 儲存格範圍中，輸入相關欄位名稱。

STEP**3** 在 C5:H5 儲存格範圍輸入欲計算折舊資產的相關資料。這個範例資產的總價為 100 萬，殘值為 15 萬，使用期限 10 年，指定餘額遞減速率 1.5。

STEP**4** 欲計算時間點為第 2 年至第 5 年的折舊總金額，所以在 F6 儲存格輸入下列
公式，得到的值為 278,795。

=VDB(C5,D5,E5,F5,G5,H5)

Chapter 8

尋找與參照函數

8-1 認識 LOOKUP 函數家族

8-2 MATCH 與 INDEX 函數應用

8-3 INDEX 與 LOOKUP 函數應用

當我們使用 Excel 一段時間以後，工作表的資料會愈來愈多（尤其是表格資料的筆數），如果想要尋找某些特定資料加以運用或計算，將是一件令人困擾的事情。此時，您可以試著使用 Excel 提供的 **尋找與參照** 函數來協助處理，它將會大大提升您的工作效率。

8-1　認識 LOOKUP 函數家族

LOOKUP 函數家族共有 VLOOKUP、HLOOKUP 與 LOOKUP 函數，它們是非常重要，而且能協助我們迅速尋找到所要的資料。

8-1-1　VLOOKUP 函數

VLOOKUP 函數用在某一陣列資料範圍中，由使用者設定最左欄的特定值，去尋找同列中所指定欄位的特定內容。

語法

VLOOKUP(lookup_value,table_array,col_index_num,range_lookup)

引數

lookup_value：在陣列（資料範圍）的最左欄中，所要搜尋的特定值。可以是數值、參照位址或文字字串。

table_array：所要搜尋的資料範圍。一般而言是指儲存格範圍的參照位址或範圍名稱。*table_array* 第一欄裡的值，可以是文字、數字或邏輯值，其中字母的大小寫將被視為是相同的。

col_index_num：是個數值，為欲尋找欄位的序號，也就是要傳回的特定值位於 *table_array* 中的欄。如果 *col_index_num* 小 1，則 VLOOKUP 函數會傳回錯誤值「#VALUE!」；如果 *col_index_num* 超過 *able_array* 總欄數，則 VLOOKUP 函數會傳回錯誤值「#REF!」。

range_lookup：是個邏輯值，用來指定 VLOOKUP 是要尋找完全符合或部分符合的值。

當此引數值為 TRUE 或被省略，則會傳回部分符合的值；也就是說，如果找不到完全符合的值時，會傳回僅次於 *lookup_value* 的值。

當此引數值為 FALSE 時，VLOOKUP 函數只會尋找完全符合的值，如果找不到，則傳回錯誤資值「#N/A」。

如果***range_lookup***邏輯值為 TRUE，則***table_array***第一欄的值必須以遞增次序排列：…、-2、-1、0、1、2、…、A~Z、FALSE、TRUE；否則 VLOOKUP 函數將會傳回錯誤的資料。我們可以點選 **資料>排序** 指令，讓其依 **遞增** 順序排列。

如果***range_lookup***邏輯值為 FALSE，則***table_array***不須事先排序。

_**範例**_　使用 VLOOKUP 函數找到對應稅率計算應繳稅款

這個範例是在一份所得稅率資料表中，依據使用者提供的年所得資料，尋找到對應的稅率，然後計算應繳稅款。公式中，B2 為特定值（年所得），D2:F7 為資料範圍（所得稅率資料表），3 是指第 3 欄資料（稅率欄位），邏輯值省略代表是 TRUE。

STEP**1** 開啟範例檔案之後，選擇「8-1-1」工作表；範例的 D2:F7 儲存格是資料範圍，也就是所得稅率表。

STEP**2** 在 B2 儲存格輸入一年的總所得，例如：123838。

STEP**3** 在 B3 儲存格輸入下列公式，或使用 **函數精靈** 處理，即可找到對應的所得稅率。

=VLOOKUP(B2,D2:F7,3)

STEP**4** 在 B4 儲存格輸入「=B2*B3」，計算出應繳稅款為 44,581.68。

8-1-2 HLOOKUP 函數

HLOOKUP 函數用在某一陣列資料範圍中，由使用者設定最上方一列的特定值，然後找尋出同欄位中指定某列的特定內容。

語法

HLOOKUP(lookup_value,table_array,row_index_num,range_lookup)

引數

lookup_value：在陣列（資料範圍）中第一列，所要搜尋的特定值。可以是數值、參照位址或文字字串。

table_array：所要搜尋的資料範圍。一般而言是指儲存格範圍的參照位址或範圍名稱。**table_array** 第一列中的值，可以是文字、數字或邏輯值，其中字母的大小寫將被視為是相同的。

row_index_num：是個數值，為欲尋找列的序號，也就是要傳回的特定值位於 **table_array** 列中的第幾列。

如果 **row_index_num** 小於 1，則 HLOOKUP 函數會傳回錯誤值「#VALUE!」：

如果 **row_index_num** 超過 **table_array** 的總列數，則 HLOOKUP 函數會傳回錯誤值「#REF!」。

range_lookup：是個邏輯值，用來指定 HLOOKUP 是要尋找完全符合或部分符合的值。

當此引數值為 TRUE 或被省略時，會傳回部分符合的值；也就是說，如果找不到完全符合的值時，會傳回僅次於 **lookup_value** 的值。

當此引數值為 FALSE 時，HLOOKUP 函數只會尋找完全符合的值，如果找不到，則傳回錯誤值「#N/A」。

如果 **range_lookup** 邏輯值為 TRUE 時，則 **table_array** 第一列的值必須以遞增次序排列：…、-2、-1、0、1、2、…、A~Z、FALSE、TRUE；否則 HLOOKUP 函數會傳回現錯誤的資料。我們可以點選 **資料 > 排序** 指令，讓其依 **遞增** 順序排列。

如果 **range_lookup** 邏輯值為 FALSE 時，則 **table_array** 不必事先排序。

範例 使用 HLOOKUP 函數找到對應稅率計算應繳稅款

這個範例與使用與前小節相同的資料，僅將所得稅率資料表的欄、列資料轉置，讓您熟悉使用如何使用 HLOOKUP 函數。

STEP**1** 開啟範例檔案之後，選擇「8-1-2」工作表；範例的 D2:J4 儲存格範圍是資料範圍，也就是所得稅率表。

	A	B	C	D	E	F	G	H	I	J
1										
2	請輸入年所得	$23,838		年所得下限	$0	$2,651	$27,301	$58,501	$131,801	$284,701
3	所得稅率			年所得上限	$2,650	$27,300	$58,500	$131,800	$284,700	
4	應繳稅款			所得稅率	15.00%	28.00%	31.00%	36.00%	39.60%	45.25%
5										
6										
7										

8-1-1 | 8-1-2 | 8-1-3 | 8-2-1A | 8-2-1B | 8 …

STEP**2** 在 B2 儲存格輸入一年的總所得，例如：23838。

STEP**3** 在 B3 儲存格輸入輸入下列公式，或使用 **函數精靈** 處理，即可找到對應的所得稅率。

=HLOOKUP(B2,D2:J4,3)

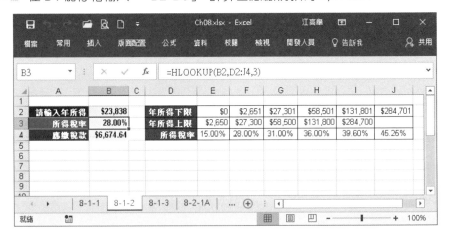

STEP**4** 在 B4 儲存格輸入「=B2*B3」，計算出應繳稅款為 6,674.64。

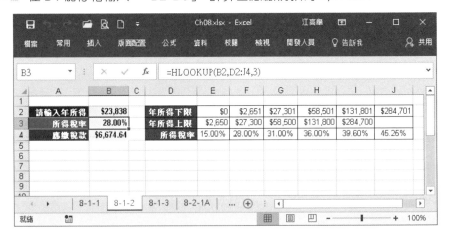

> **説明**
>
> 公式中，B2 為特定值，D2:J4 為資料範圍，3 是指第 3 列資料，邏輯值省略代表是 TRUE。

8-1-3　LOOKUP 函數

LOOKUP 函數有 **向量語法型式** 與 **陣列語法型式** 二種，其目的是一樣的，都是透過指定的搜尋值，在另一個儲存格範圍中找到對應的資料。但使用者必須特別留意！

向量型式

─語法─

> LOOKUP(lookup_value,lookup_vector,result_vector)

─引數─

lookup_value：函數在向量所要尋找的特定值。*lookup_value* 以是數字、文字、邏輯值或參照到數值的名稱或參照位址。

lookup_vector：是指單列或單欄的儲存格範圍。在 *lookup_vector* 中的值可能是文字、數字或邏輯值。

result_vector：是指單列或單欄的儲存格範圍。它的大小應與 *lookup_vector* 相同。

📍 **說明**

在 lookup_vector 引數中的數值必須以 **遞增** 次序排列：…，-2，-1，0，1，2，…，A~Z，FALSE，TRUE；否則，LOOKUP 函數不會傳回正確的值。大小寫英文字母視為相同的文字。

─範例─ **使用向量型式的 LOOKUP 函數找到對應稅率計算應繳稅款**

STEP**1**　開啟範例檔案之後，選擇「8-1-3」工作表

STEP**2**　範例中的 D2:D7 儲存格範圍是尋找範圍，F2:F7 儲存格範圍是結果範圍。

STEP**3**　在 B2 輸入一年的年所得，例如：33888。

	A	B	C	D	E	F	G	H	I
1				年所得下限	年所得上限	所得稅率			
2	請輸入年所得	$33,888		$0	$2,650	15.00%			
3	所得稅率			$2,651	$27,300	28.00%			
4	應繳稅款			$27,301	$58,500	31.00%			
5				$58,501	$131,800	36.00%			
6				$131,801	$284,700	39.60%			
7				$284,701		45.25%			
8									
9									

8-1-1　8-1-2　8-1-3　8-2-1A　8-2-1B …　⊕

STEP**4**　在 B3 儲存格輸入下列公式，或使用 **函數精靈** 協助輸入，得到的稅率為 0.31。

```
=LOOKUP(B2,D2:D7,F2:F7)
```

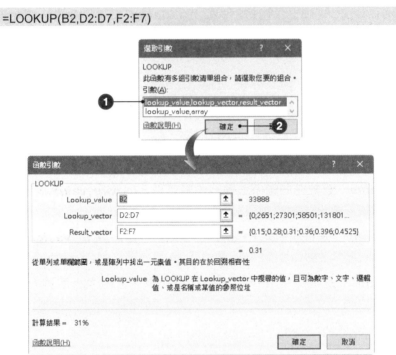

STEP**5**　在 B4 儲存格輸入「=B2*B3」，計算出應繳稅款為 10,505.25。

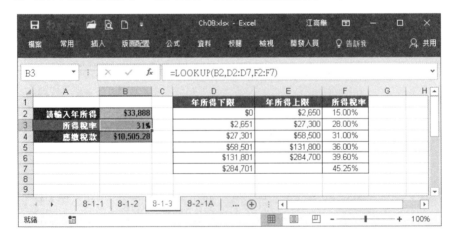

陣列型式

語法

LOOKUP(lookup_value,array)

引數

lookup_value：可以是個數字、文字、邏輯值，或是參照到數值的名稱或參照位址。

如果 LOOKUP 函數找不到 *lookup_value* 的值，就會使用陣列中小於或等於 *lookup_value* 的最大值。。

如果 *lookup_value* 小於第一列或第一欄（依照陣列維數決定）中的最小值時，則 LOOKUP 函數會傳回錯誤值「#N/A」。

array：必要引數，其中含有所要與 *lookup_value* 比較的文字、數字或邏輯值的儲存格範圍。

範例　使用陣列型式的 LOOKUP 函數找到對應稅率計算應繳稅款

STEP**1**　開啟範例檔案之後，選擇「8-1-3」工作表

STEP**2**　範例中的 D2:D7 儲存格範圍是尋找範圍，F2:F7 儲存格範圍是結果範圍。

STEP**3**　在 B2 輸入一年的年所得，例如：33888。

STEP**4**　在 B6 儲存格輸入下列公式，或使用 **函數精靈** 協助輸入，得到的稅率為 31%。

=LOOKUP(B2,D3:F4)

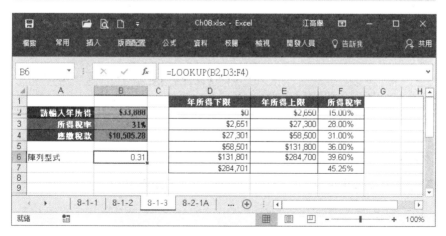

8-2 MATCH 與 INDEX 函數應用

使用 VLOOKUP 函數，只能尋找特定值右側的資料，如果要尋找左側的資料，就會用到 LOOKUP 函數，不過，您可能會發現所找到的資料經常不精確。為了解決這個問題，建議您使用 INDEX 與 MATCH 函數搭配，即能尋找到正確的左側資料。

MATCH 函數

根據指定的比對方式，傳回一陣列中與搜尋值相符合之相對位置。

語法

```
MATCH(lookup_value,lookup_array,match_type)
```

引數

lookup_value：要在資料範圍中尋找的比對值。例如：在電話簿中尋找朋友的電話號碼時，姓名就是所要尋找的比對值，而電話號碼則是所要的資料。*lookup_value* 可以是數字、文字、邏輯值，或是一個參照到數字、文字、邏輯值的參照位址。

lookup_array：一連續的儲存格範圍，其中含有被比對值的資料。*lookup_array* 必須是陣列或是陣列參照。

match_type：數值，其值有三種選擇：-1、0 或 1。如果 *match_type* 引數被省略，則假設其值為 1。

> 1：函數會找到等於或僅次於 *lookup_value* 的值。*lookup_array* 必須以遞增次序排列：…-2, -1, 0, 1, 2,…, A~Z, FALSE, TRUE。

> 0：函數會找第一個完全等於 *lookup_value* 的比較值。*lookup_array* 可以依任意次序排列。

> -1：函數會找到等於或大於 *lookup_value* 的最小值。*lookup_array* 必須以 **遞減** 次序排序：TRUE, FALSE, Z~A,…，2, 1, 0, -1, -2,…，以此類推。

INDEX 函數

擷取依據指定欄列號碼所決定的表格或陣列中一個元素的值。

語法 陣列型式

```
INDEX(array,row_num,column_num)
```

引數

array：陣列式的儲存格範圍。如果陣列只包含單一的列或欄時,則所對應的 **row_num** 或 **column_num** 引數是可以省略的。如果陣列含有多列多欄的元素,卻只單獨使用 **row_num** 或 **column_num** 引數,則函數將以陣列形式傳回陣列中的某一整列或整欄元素。

row_num：指定所要的元素是位於陣列裡的第幾列。如果省略了 **row_num** 引數,則一定要輸入 **column_num** 引數。

column_num：指定所要傳回的元素是位於陣列裡的第幾欄。如省略 **column_num** 引數,則一定要輸入 **row_num** 引數。

這個範例是使用球員姓名,在資料表中找到對應的打數、打擊率。您可以從範例中瞭解使用 LOOKUP 函數與使用 INDEX 搭配 MATCH 函數的差異。

範例 使用 MATCH 與 INDEX 函數尋左側欄位資料

STEP**1** 開啟範例檔案之後,選擇「8-2-1」工作表,此範例的 A1:C15 儲存格是資料範圍。

STEP**2** 在 E1 輸入特定值,例如:郭硬漢。

STEP**3** 在 E6 入下列公式,以便查詢得到其打擊數,得到答案為 70 個打擊數目。

    =INDEX(A1:A15,MATCH(E1,C1:C15))

STEP**4** 在 F7 輸入下列公式,以便查詢其打擊率,得到其打擊率為 0.227。

    =INDEX(B1:B15,MATCH(E1,C1:C15))

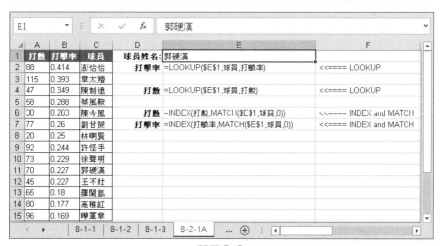

顯示公式

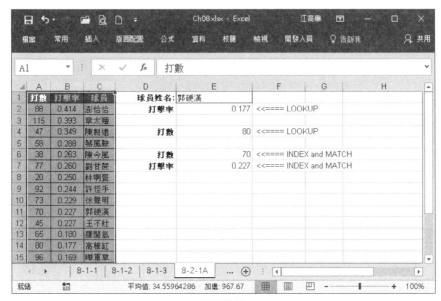

顯示結果

說明

您可以參考此範例 E2 與 E4 儲存格，它使用 LOOKUP 函數查詢，結果其所查得的資料是不正確的，所以此時使用 INDEX 與 MATCH 函數，較為恰當。

前面所提到的搜尋方式，都是由一個特定值出發，在資料範圍中尋找所要的對應值。如果是要依據二個特定值，在一個資料表範圍中找到對應的資料，同樣可以使用 MATCH 與 INDEX 函數協助搜尋。

範例 **由縱、橫二個特定值，尋找資料範圍的對應值**

STEP**1** 開啟範例檔案之後，選擇「8-2-2」工作表。範例中 D1:H14 儲存格為資料範圍。

STEP**2** 如果要查詢七月的雜誌銷售量，請在 B1 儲存格輸入「七月」，B2 儲存格輸入「雜誌」。

STEP**3** 在 B9 儲存格輸入下列公式，求得答案為 1300。

```
=INDEX(E1:G13,MATCH(B1,D2:D13,0),MATCH(B2,E1:G1,0))
```

| | B9 | ▼ | : | × | ✓ | f_x | =INDEX(E2:G13, MATCH(月份,月份清單,0), MATCH(產品,產品 | | ▼ |

▲	A	B	C	D	E	F	G	H
1	月份：	七月			圖書	雜誌	數位學習	小計
2	產品：	雜誌		一月	2,850	1,500	3,215	7,565
3				二月	3,650	1,900	2,561	8,111
4	月份對應儲存格：	7		三月	5,680	1,820	4,826	12,326
5	產品對應儲存格：	2		四月	4,220	1,650	1,108	6,978
6	銷售量：	1,300		五月	3,530	1,900	2,023	7,453
7				六月	1,728	1,400	2,965	6,093
8				七月	5,185	1,300	3,100	9,585
9	單一公式===>>	1,300		八月	3,256	1,500	2,610	7,366
10				九月	1,800	1,100	2,050	4,950
11				十月	2,548	1,600	3,650	7,798
12				十一月	4,086	1,200	5,320	10,606
13				十二月	3,684	1,500	2,635	7,819
14				月小計	42,217	18,370	36,063	96,650
15								

搜尋到的結果

8

尋找與參照函數

8-3　INDEX 與 LOOKUP 函數應用

執行一些計算工作時，針對某些線性的圖表數據，可能在某些重要節點，並沒有對應的資料，這個時候可以使用 INDEX 函數搭配 LOOKUP 函數，求得任二點之間的「特定內插數值」。

範例　尋找二點之間的線性內插數值

STEP**1**　開啟範例檔案之後，選擇「8-2-3」工作表。範例中 D2:D14 儲存格為資料範圍，想要求得「X=3」的時候，Y 的對應數值。

STEP**2**　在 B1 儲存格輸入 3。

STEP**3**　在 B3 儲存格輸入下列公式，得到「X=3」時在資料範圍所對應的列數。

　　　=LOOKUP(B1,D2:D14,D2:D14)

STEP**4**　在 B4 儲存格輸入下列公式，確認「X=3」時，是否剛好在已知數值節點上。

　　　=B1=B3

STEP**5**　在 B6 儲存格輸入下列公式，求得內插值起始的列數。

　　　=MATCH(B3,D2:D14,0)

STEP**6**　在 B7 儲存格輸入下列公式，求得內插值的終點的列數。

　　　=IF(B4,B6,B6+1)

STEP**7**　在 B9 儲存格輸入下列公式，求得內插值的起始 X 數值。

　　　=INDEX(D2:D14,B6)

STEP**8**　在 B10 儲存格輸入下列公式，求得內插值的終止 X 數值。

　　　=INDEX(D2:D14,B7)

STEP**9**　在 B12 儲存格輸入下列公式，求得內插值起始 Y 數值。

　　　=LOOKUP(B9,D2:D14,E2:E14)

STEP**10**　在 B13 儲存格輸入下列公式，求得內插值終點 Y 值。

　　　=LOOKUP(B10,D2:D14,E2:E14)

STEP**11** 在 B15 儲存格輸入下列公式，求得內插調整比例。

=IF(B4,0,(B1-B3)/B10-B9))

STEP**12** 在 B16 儲存格輸入下列公式，求得「X=3」的內插值為「Y=21」。

=B12+((B13-B12)*B15)

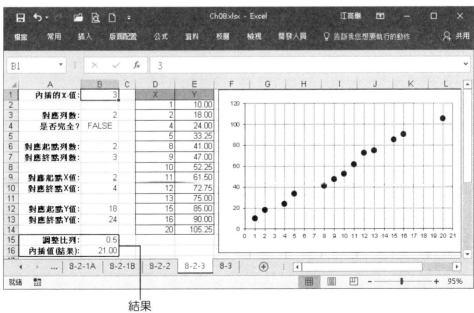

結果

Chapter 9

善用Excel分析工具

9-1　常用的計算工作

9-2　合併彙算

9-3　迴歸分析

9-4　模擬狀況分析

Excel 在 **資料 > 分析** 與 **資料 > 預測** 功能區群組中，提供了統計、科學分析…等相關工具，善用其中的工具可以快速進行資料探勘與分析，您無須額外花費大量時間學習艱深的統計軟體，就可以處理相當多的工作。

9-1　常用的計算工作

使用 Excel 處理工作時，經常會碰到一些計算的事務，例如小數點進位、單位轉換…等，在此小節提供一些參考範例以方便您運用。

9-1-1　進位的處理

小數點後的數字，不論是四捨五入，或無條件進位與捨去，都是計算工作中經常碰到的問題，適當的處理才可以讓計算工作，得到最佳的結果。

ROUND（進位 / 捨位）函數家族

在 Excel 計算工作，如果碰到數值帶有小數值，其預設狀況是以最大位數，進行精確的計算，但是以使用者所選的格式，採用四捨五入顯示資料。在這種情形下，可能出現顯示值有誤差的狀況。

範例　**使用加總函數**

STEP**1**　在 H2:H4 儲存格範圍同時輸入 1/3。

STEP**2**　將 H2:H4 儲存格範圍，設定格式為 **數值** 類別，**小數位數** 為 2。

STEP**3**　在 H5 儲存格執行 **加總**，輸入公式「=SUM(H2:H4)」，得到答案是 1，而不是 0.99。

　　為了避免像上述範例那樣產生顯示值與實際值的誤差情況，我們可以使用 ROUND、CEILING 或 FLOOR 函數處理進位與捨去的工作。

● **ROUND 函數**：依所指定的位數，將數字四捨五入。

語法

ROUND(number,num_digits)

引數

Number：要執行四捨五入的數字。

Num_digits：對數字執行四捨五入計算時所指定的位數。

　　如果 ***Num_digits*** 大於 0，則數字將被四捨五入到指定的小數位數。

　　如果 ***Num_digits*** 等於 0，數字將被四捨五入成整數。

　　如果 ***Num_digits*** 小於 0，將被四捨五入到小數點左邊的指定位數。

ROUND(10.63, 1)	等於	10.6
ROUND(10.63,0)	等於	11.0
ROUND(1580,-2)	等於	1600

◑ **ROUNDDOWN 函數**：依指定位數，將數值作無條件捨去。

語法

ROUNDDOWN(number,num_digits)

範例 使用 ROUNDDOWN 函數

ROUNDDOWN(10.69, 0)	等於	10
ROUNDDOWN(10.69,1)	等於	10.6
ROUNDDOWN(1580, -2)	等於	1500

◑ **ROUNDUP 函數**：依所指定的位數，將數值做無條件進位。

語法

ROUNDUP(number,num_digits)

範例 使用 ROUNDUP 函數

ROUNDUP(10.33,0)	等於	11
ROUNDUP(10.33,1)	等於	10.4
ROUNDUP(1520,-2)	等於	1600

◑ **CEILING 函數**：是從零進位到最接近進位基準的倍數。

語法

CEILING(number,significance)

引數

number：輸入要處理的數值。

significance：處理基準倍數（或是要在第幾位數處理）。

範例 使用 CEILING 函數

CEILING(10.33,0.05)	等於	10.35
CEILING(10.33,0.5)	等於	10.5
CEILING(10.36,0.05)	等於	10.40

CEILING(10.36,0.5)	等於	10.40
CEILING(10.66,0.05)	等於	10.7
CEILING(10.66,0.5)	等於	11.00

● **FLOOR 函數**：是將數字全部捨去，趨向零或進位至其倍數。

語法

FLOOR(number,significance)

引數

number：所要處理的數值。

significance：處理基準倍數。

範例　FLOOR 函數

FLOOR(10.33,0.05)	等於	10.3
FLOOR(10.33,0.5)	等於	10
FLOOR(10.36,0.05)	等於	10.35
FLOOR(10.36,0.5)	等於	10
FLOOR(10.66,0.05)	等於	10.65
FLOOR(10.66,0.5)	等於	10.5

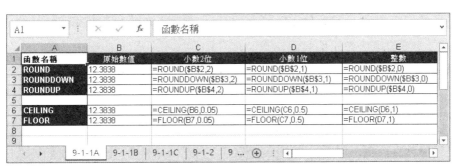

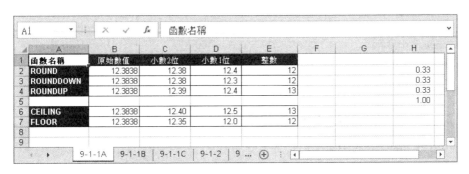

貨幣進位處理

日常生活中在採購物品時，貨幣一定有其最小的計算單位，例如：在台灣目前是以 5 角為最小單位，但是市面上的 5 角貨幣幾乎見不到，最小為 1 元，因此在計算貨幣單位時，若遇到小於最小計價單位必須特別處理。

一般來說，使用 CEILING 與 FLOOR 二個函數，即能處理貨幣的進位問題，如果使用 Excel 專門用於貨幣的 DOLLAR 函數，當然也可以得到進位結果，不過，請注意！使用此函數之後，其資料屬性將會由 **數值** 變為 **文字**。

語法

DOLLAR(number,decimals)

引數

number：所要處理的數值。

Decimals：指定處理的位數（正值是小數點後的位數，負值是整數的位數）。

範例　使用 DOLLAR 函數

DOLLAT(12345.3838,2)	等於	$12345.38
DOLLAR(12345.3838,-2)	等於	$12,300

貨幣的最小單位，有些國家（例如：美、加）是設定為 0.25 角（2 毛 5 分），為了方便計算，希望能有個函數，能夠把 10 進位小數點的第 1 位數，轉為貨幣基本單位 0.25，這時可以使用 DOLLARDE 與 DOLLARFR 函數。

> **說明**
>
> 使用 DOLLARDE 與 DOLLARFR 函數，必須啟動 增益集 中的 分析工具箱。

● DOLLARDE 函數：是指將分數表示的方法，轉換為貨幣基本單位的小數。

語法

DOLLARDE(number,fraction)

引數

number：指所要處理的數值。

fraction：最小單位分數的分母值。

範例 使用 DOLLARDE 函數

| DOLLARDE(12.1,4) | 等於 | 12.25 |

.1 代表 1/4 所以轉換為 0.25

| DOLLARDE(12.1,2) | 等於 | 12.50 |

.1 代表 1/2 所以轉換為 0.50

| DOLLARDE(12.10,16) | 等於 | 12.625 |

.10 代表 10/16 所以轉換為 0.625

DOLLARFR 函數：將小數所表示的貨幣基本單位，轉換為分數表示的方法。

語法

DOLLARFR(number,fraction)

引數

number：要處理的數值。

fraction：最小單位分數的分母值。

範例 DOLLARFR 函數

DOLLARFR(12.25,4)	等於	12.1
DOLLARFR(12.50,2)	等於	12.1
DOLLARFR(12.625,16)	等於	12.1

INT 與 TRUNC 函數

處理進位的各種問題時，INT 與 TRUNC 函數是另一種重要的工具。其中 INT 函數是採用無條件捨去的方式，直接擷取整數值，例如：INT(12.2)=12，INT(12.9)=12；而使用 TRUNC 函數，也是用無條件捨去的方式，直接擷取整數值，例如：TRUNC(12.2)=12，TRUNC(12.9)=12。這二個函數的處理結果，看似相同，其實 INT 與 TRUNC 函數有下列重大差異：

- 當要處理的數值為負值時，INT 函數是採接近較小的整數（負值愈大），TRUNC 函數是採接近較大的整數（負值較小）。例如：INT(-4.3) 傳回值 -5，但 TRUNC(-4.5) 則傳回值 -4。

- TRUNC 函數可以視使用上的需要，設定指定的小數位數，例如：TRUNC(-4.53838,2) 則傳回值 -4.53。

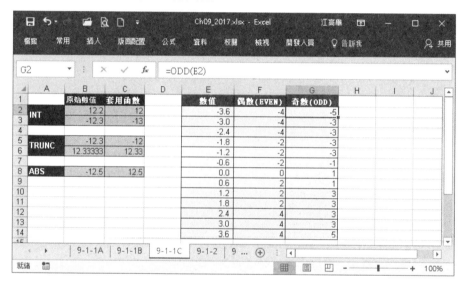

> **說明**
>
> 除了上述說明的進位相關函數之外，還可以視需要使用 ABS 函數設定將任何數值都轉為「正」值，例如：ABS(-4.5) 傳回 4.5；使用 EVEN 函數，將任何數值轉為「偶數」；使用 ODD 函數，將任何數值轉為「奇數」。

9-1-2 單位轉換的處理

　　單位的轉換是日常計算時會碰到的事情，我們可以利用 Excel 的計算功能，自己建立一個單位轉換表格，其做法因人而異，本節僅提供如下圖所示個範例供您參考，其中包含 **長度**、**面積**、**時間** 與 **溫度** 的轉換。

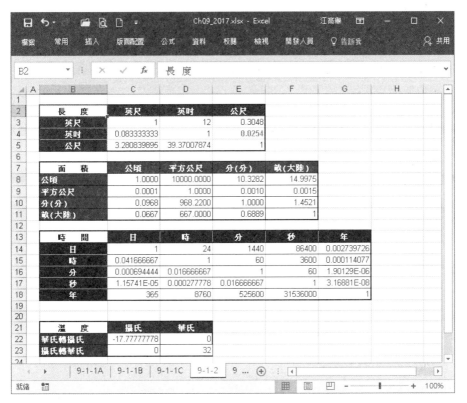

9-1-3 求解聯立方程式

　　國中數學裡解聯立方程式是很重要的課題，也是考試必考的部份，如果家長想要多出一些題目給孩子們練習，請參考這節的範例修改一些係數，即可得到正確答案，由此把題目抄出來給他們練習。

　　聯立方程式求解，會使用 **矩陣運算**；在 Excel 則是用儲存格範圍代表，**並以陣列公式** 來計算。因此，請特別留意！公式輸入完成時，需要同時按 Ctrl + Shift + Enter 鍵。請參考範例說明。

範例 二元一次聯立方程式

STEP**1** 開啟範例檔案之後，選擇「9-1-2A」工作表。

STEP**2** 在 B3、B4 儲存格輸入要修改的 X 係數。

STEP**3** 在 D3、D4 儲存格輸入要修改的 Y 係數。

STEP**4** 在 G3、G4 儲存格輸入要修改的常數。

STEP**5** 為了日後計算方便，我們將 X、Y 係數重新安排，置於 J7:K8；將常數重新安排置於 M7:M8。

STEP**6** 首先，要求出反矩陣，選取 J11:K12 儲存格範圍，輸入下列公式後，同時按 [Ctrl] + [Shift] + [Enter] 鍵。

　=MINVERSE(J7:K8)

STEP**7** 接著，選擇 K15:K16 輸入下列矩陣相乘公式，以求得解答，完成後請同時按 [Ctrl] + [Shift] + [Enter] 鍵。

　=MMULT(J11:K12,M7:M8)

STEP**8** 依序在 M15、M16 儲存格輸入下列公式，以檢查所求的解是否正確？其檢查結果回應是 TRUE。

　=(B3*K15)+(D3*K16)=G3
　=(B4*K15)+(D4*K16)=G4

範例 三元一次聯立方程式

STEP**1** 開啟範例檔案之後,選擇「9-1-2B」工作表。

STEP**2** 在 B3:B5 儲存格輸入 X 的係數。

STEP**3** 在 D3:D5 儲存格輸入 Y 的係數。

STEP**4** 在 F3:F5 儲存格輸入 Z 的係數。

STEP**5** 在 I3:I5 儲存格輸入常數。

STEP**6** 為了日後計算方便,我們將 X、Y、Z 係數重新安排,置於 H8:J10;將常數重新安排置於 L8:L10。

STEP**7** 首先,求出反矩陣,選取 H13:J15 儲存格範圍,輸入下列公式後,同時按 Ctrl + Shift + Enter 鍵。

=MINVERSE(H8:J10)

STEP**8** 接著,選擇 J18:J20,並輸入下列公式,以求得答案。

=MMULT(H13:J15,L8:L10)

9-2 合併彙算

Excel 眾多功能中 **合併彙算** 是應用極廣的項目，它可以將分佈在各個不同活頁簿的數值資料（例如：預算、銷售額），合併到同一活頁簿並計算。因此，當我們需要從不同的 Excel 活頁簿或個別工作表，擷取資料並計算以求得所要的結果時，即能夠從這些不同來源的工作表中，將資料合併彙算到主要工作表。

所以，各分公司或不同部門的收據，可以先分檔案建立資料，各自完成自己的報表，總公司（或整合單位）再將各分公司或部門的資料合併彙算，即能獲得完整報表。

> **說明**
>
> 執行合併彙算資料時，其實是將資料組合起來，以便輕鬆地進行定期或臨時更新與彙總資料的工作。

執行合併彙算時，Excel 只合併彙算來源區域的數值，含有文字的儲存格，將被視為空白儲存格。同時，您也可以建立目標區域與來源區域之間的連結關係，只要來源區域的資料有變更，合併彙算的資料就會隨之更新。

合併彙算作業共有 11 個運算函數可供使用（請參考下表），Excel 使用 SUM 為預設函數。

函數名稱	說　明
SUM(number1,……)	計算參數中所有數值總和
MAX(number1,……)	求取參數中所有數值的最大值
MIN(number1,……)	求取參數中所有數值的最小值
PRODUCT(number1,……)	計算參數中所有數值的乘積
AVERAGE(number1,……)	計算參數中所有數值的平均值
COUNT(value1,……)	計算參數中含有數字資料的筆數
COUNTA(value1,……)	計算參數中含有非空白資料的筆數
STDEV(number1,……)	計算母體的樣本標準差估計值
STDEVP(number1,……)	計算母體本身的標準差
VAR(number1,……)	計算母體的樣本變異數值估計值
VAPP(number1,……)	計算母體本身的變異數

Excel 的合併彙算方式有下列三種類型:

- **依照位置合併彙算**:以完全相同的順序和位置,排列所有工作表中的資料。

- **依照類別合併彙算**:在個別的工作表採用不同的組織方式,但使用相同的列標籤與欄標籤,以便主工作表能找到資料。

- **依照公式合併彙算**:如果沒有可依賴的一致位置或類別,則自行用輸入的方式,將具有儲存格參照或正要合併之其他工作表的 **立體參照** 公式予以輸入,此部分請參考本書 1-2-2 節的內容自行練習。

範例 依位置合併彙算

假設您任職於某企業,在總公司負責相關彙整業務,如果各地區分公司都使用相同的 Exce1 表格,記錄了收入項目與對應的金額,總公司就可以使用合併彙算這個功能,將這些資料彙整到總體的財務工作表。此主工作表可能包含銷售數量、銷售數總金額、庫存狀況、支出項目等。

STEP**1** 開啟範例檔案,或參考下圖將工作表內的資料準備妥當。

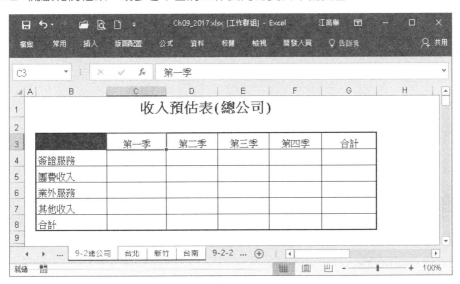

總公司

接下頁 ➡

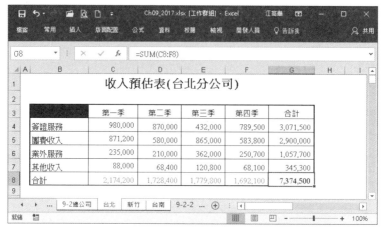

台北分公司

新竹分公司

台南分公司

STEP**2** 點選「9-4 總公司」工作表,先選取欲合併計算範圍的左上角儲存格,此範例為 C4;再執行 資料 > 資料工具 > 合併彙算 指令。

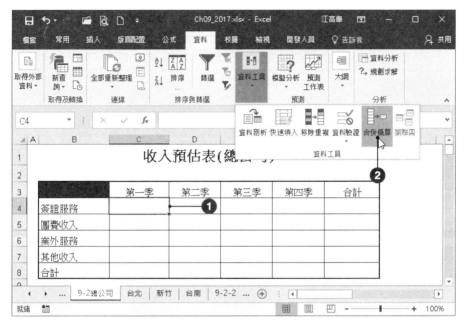

STEP**3** 出現 合併彙算 對話方塊,在 函數 清單中,選擇 加總 項目;參照位址 選取所要的第一個工作表範圍,按【新增】鈕。

STEP**4** 逐一加入其他工作表的範圍,按【確定】鈕,完成合併彙算的工作。

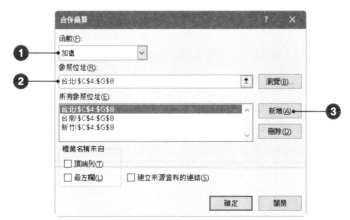

接下頁 ➡

- 在 **參照位址** 輸入方塊中，可以使用滑鼠直接輸入欲合併彙算的檔案名稱與儲存格範圍位址。

- 如果希望來源資料更改時，會自動更新合併彙算的表格，則請勾選 ☑ **建立來源資料的連結** 核取方塊。

- 如果勾選 ☑ **建立來源資料的連結** 核取方塊，則在執行合併彙算之後，Excel 會在目標區中插入新的欄列，用來放置來源工作表的儲存格資料，以及參照位置說明。因此在執行前，請確認目標區內新插入的欄或列，是否會影響原工作表的結構。

範例 依類別合併彙算

STEP**1** 開啟範例檔案，或參考下圖將工作表內的資料準備妥當。

STEP**2** 點選「9-4 總公司」工作表，選取合併彙算資料的目標區域。若您欲在目標區域中顯示類別標記，當選取目標區域時，請包括這些儲存格（此範例為 B4:G8）。

STEP**3** 執行 **資料 > 資料工具 > 合併彙算** 指令。

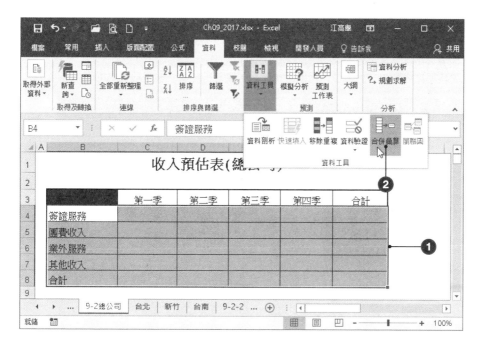

STEP**4** 出現 **合併彙算** 對話方塊,在 **函數** 清單中,選擇 **加總** 項目;**參照位址** 選取所要的第一個工作表範圍,按【新增】鈕。

STEP**5** 逐一加入其他工作表的範圍。

STEP**6** 在 **標籤名稱來自** 區段中,勾選 ☑**最左欄** 核取方塊(如果在來源區域的頂端列有類別標記時,請勾選 ☑**頂端列** 核取方塊);也可以在單一合併彙算時,同時選取二個核取方塊,按【確定】鈕,完成合併彙算的工作。

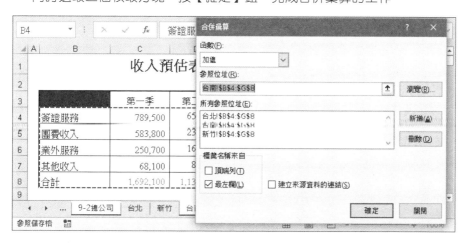

請您使用建立來源資料的連結進行合併彙算,並檢視其最後結果;接著,來源資料區域中更改一些數值,再回頭檢視合併彙算的結果,是否已自動修正完成。

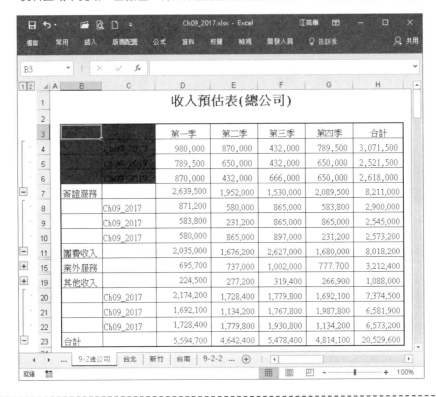

9-3 迴歸分析

學會使用 **迴歸分析** 可以依據所收集的資料數據，預測未來可能的結果。例如：預測新加盟店的銷售金額、顧客簽約與否的判斷…等。

迴歸分析工具 是使用「最小平方法」執行 **線性迴歸分析**，以畫出一條符合一組觀察資料的直線，這樣就可以知道單一相依變數，是如何受一個或多個獨立變數的數值影響。

說明

獨立變數最多可設 75 個。每個變數的樣本數目必須與相依變數之樣本數目相同，而且這二個變數的輸入範圍，必須相鄰。

假設位於墾丁國家公園的某一家泡沫紅茶店，希望預估隔天的銷售量（以杯為計量單位），而老闆認為影響銷售量的因素有三項：日照的時數、中午的溫度及臨近車場遊覽車的數目，上述三個因素我們稱之為「因變數」，銷售量為「目標變數」。另外，還搜集 10 天的相關資料，當然，這些資料要足以提供做為執行迴歸分析。

範例 以迴歸分析估算隔天的銷售量

STEP**1** 輸入迴歸分析所需的資料，請參考下圖。

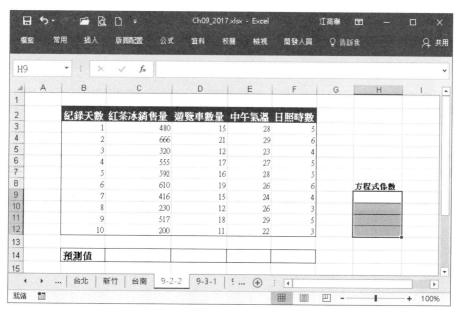

STEP**2** 執行 **資料 > 分析 > 資料分析** 指令。

STEP**3** 出現 **資料分析** 對話方塊，在 **分析工具** 列示清單中，選擇 **迴歸** 項目，按【確定】鈕。

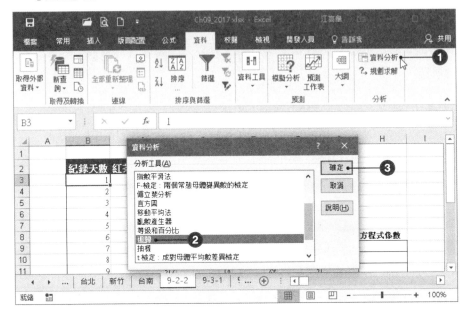

STEP**4** 出現 **迴歸** 對話方塊，在 **輸入 Y 範圍** 方塊中，輸入目標變數的儲存格範圍 $C$3:$C$12；在 **輸入 X 範圍** 方塊中，輸入因變數的儲存格範圍 $D$3:$F$12。

STEP**5** 若要強制迴歸線通過原點，請勾選 ☑**常數為零** 核取方塊。

STEP**6** 在 **輸出選項** 區段中，設定計算結果的放置位置，此範例點選 ⊙**新工作表** 選項；視需要勾選 **殘差** 及 **常態機率** 區段中的核取方塊，完成各項設定之後，按【確定】鈕。

STEP**7** Excel 開始分析計算，並將結果輸入到您指定的位置或工作表中。

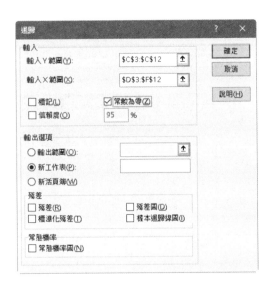

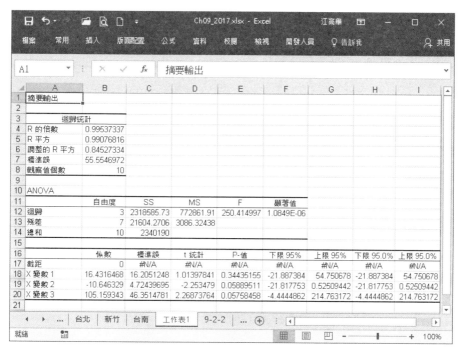

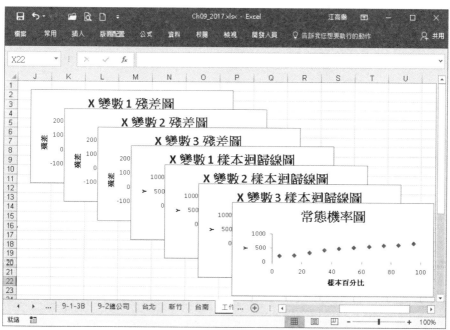

日後僅需將預估的遊覽車數、中午氣溫及日照時數，代入公式中即可預估隔日可賣出的紅茶銷售量。

如果，我們所求得的相關係數如上所述，紅茶銷售量的係數為 -378.538、遊覽車數的係數為 11.49793、遊覽車預估量為 18 輛、中午氣溫的係數為 7.323505、中午氣溫預估量為 31 度、日照時數的係數為 101.2813、日照時數預估量為 6 小時。接下來，就可以套用這些係數，求得紅茶的可能銷售量。

範例　套用所得到的迴歸分析係數求得紅茶的可能銷售量

STEP**1**　開啟範例檔案之後，點選「分析參數」工作表，找到經過迴歸分析後所產生的係數值（此範例在新工作表的 B17:B20 儲存格範圍），將其複製到「迴歸分析」工作表的 H9:H12 儲存格範圍。

STEP**2**　在「迴歸分析」工作表的 C14 儲存格中，輸入下列公式，請參考下圖。

=D14*H10+E14*H11+F14*H12+H9

STEP**3**　在儲存格 D14、E14 及 F14 中，分別輸入預估隔日的遊覽車數、中午氣溫及日照時數，即能求得隔日的紅茶銷售量。

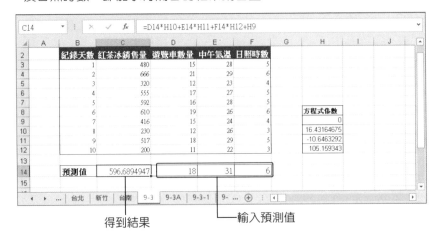

得到結果　　　　　輸入預測值

9-4 模擬狀況分析

「模擬狀況分析」是變更公式所參照的儲存格內容，以檢閱數值變更後工作表上公式的最後結果。例如：改變分期付款資料表中使用的利率可以決定支付金額是否符合預算。Excel 的「假設狀況分析」工具，包含了 **分析藍本管理員**、**目標搜尋**、**資料表**、**規劃求解**…等，這節將以範例分別說明 **分析藍本管理員**、**目標搜尋** 與 **規劃求解** 的使用方法。

9-4-1 分析藍本管理員

「假設狀況分析」工具中有一項 **分析藍本管理員** 指令，可以使用它在工作表的同一儲存格中存放多組資料，並視需要由使用者自動替換其中一組資料，套用到分析模式裡預測工作表模式的輸出結果，以檢視不同資料呈現的差異。

範例 **建立分析藍本**

STEP**1** 在工作表中，將相關公式與圖表備妥，或開啟範例檔案後，選擇「9-4-1」工作表。

STEP**2** 執行 **資料 > 預測 > 模擬分析 > 分析藍本管理員** 指令。

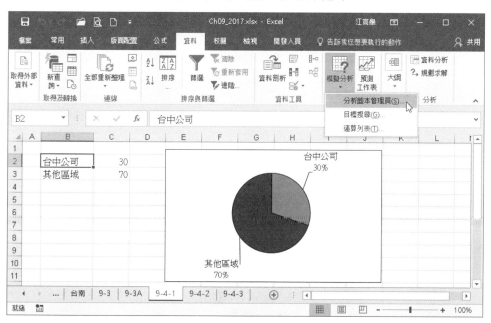

STEP**3** 出現 **分析藍本管理員** 對話方塊，按【新增】鈕。

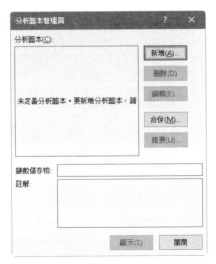

STEP**4** 開啟 **編輯分析藍本** 對話方塊，輸入 **分析藍本名稱**，輸入要編輯的 **變數儲存格** 參照位址，此範例為 $B$2:$C$2，在 **保護** 區段中，勾選 ☑**防止修改** 核取方塊，按【確定】鈕。

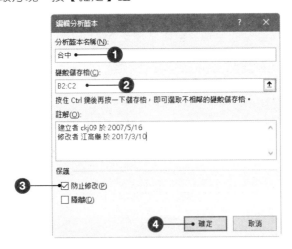

STEP**5** 出現 **分析藍本變數值** 對話方塊，輸入要分析的變數儲存格數值，按【確定】鈕。

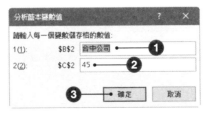

STEP**6** 回到 **分析藍本管理員** 對話方塊後,如果要繼續新增 **分析藍本**,按【新增】
鈕,再依循步驟 3~5 操作。

STEP**7** 完成所有設定之後,回到 **分析藍本管理員** 對話方塊,按【關閉】鈕。

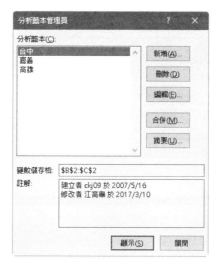

說明

如果要修改已建立的分析藍本,請在 **分析藍本管理員** 對話方塊中,點選要編輯的
分析藍本 之後,按【編輯】鈕,即可修改資料。

完成分析藍本以後,如需顯示不同的藍本數值,請利用 **分析藍本** 指令工具
鈕,選擇所要的藍本即可。

範例 使用分析藍本

STEP**1** 點選 **快速存取工具列** 右側
的 **自訂快速存取工具列**
鈕,執行清單中的 **其他命令**
指令。

STEP**2** 開啟 Excel 選項 對話方塊，**由此選擇命令** 清單，請選擇 **所有命令**，再於
列示清單中找到 **分析藍本**，按【新增】鈕，完成後按【確定】。

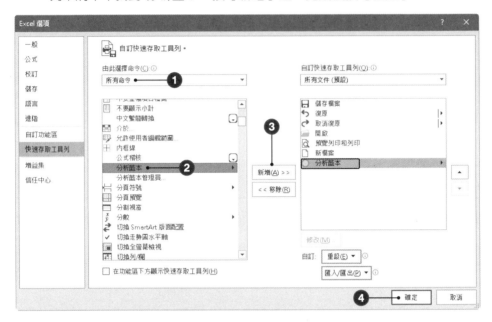

STEP**3** 點選已加到 **快速存取工具列** 的 **分析藍本** 指令工具鈕，選擇欲顯示的分析
藍本之名稱，就可以在工作表上，看到相對應的資料。

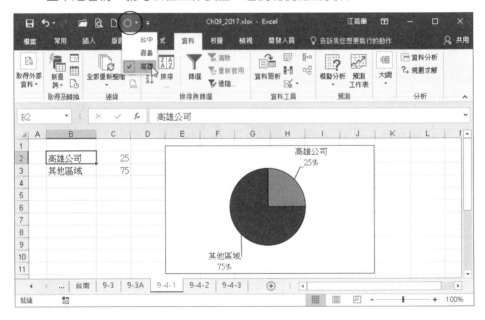

STEP**4** 也可以點選 **資料 > 預測 > 模擬分析 > 分析藍本管理員** 指令，於 **分析藍本管理員** 對話方塊，選擇欲顯示的分析藍本之名稱，按【顯示】鈕。

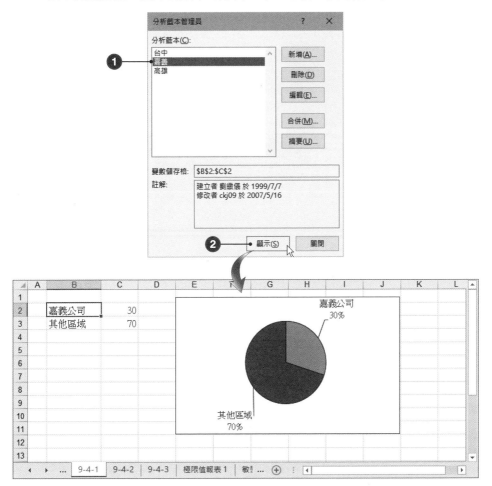

9-4-2　目標搜尋

如果已經有一組單變數的計算公式，而且也已知道經由此公式所得到的結果，但卻不知道公式中要的輸入值，這個時候可以使用 **目標搜尋** 功能試著找尋。

假如我們要貸款 300 萬，以 20 年為期，每月最多僅能還款本利 1 萬 5 千元，那麼利率應該是多少？如果，想使用多種組合因素分析計算，可以參考前一小節的說明，先建立 **分析藍本** 再使用 **目標收尋** 求得所要的結果。

範例 尋找償還值

STEP**1** 選擇一頁工作表，將上述分析模式與對應數值，逐一輸入完成預備工作。

STEP**2** 此範例在 E4 儲存格輸入下列公式、B4 儲存格輸入 3000000，C4 儲存格輸入 7.00%，D4 儲存格輸入 360。

=PMT(C4/12,D4,E4)

STEP**3** 執行 **資料 > 預測 > 模擬分析 > 目標搜尋** 指令。

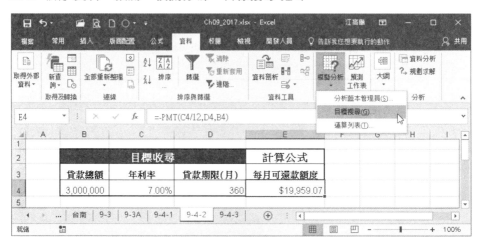

STEP**4** 出現 **目標搜尋** 對話方塊，在 **目標儲存格** 中輸入 $E$4（計算公式）、**目標值** 輸入 15000（（每月最多僅能還款本利）、**變數儲存格** 輸入 $C$4（年利率），按【確定】鈕。

STEP**5** 出現 **目標搜尋狀態** 對話方塊，告訴您已求得解答；同時儲存格 $E$4 之值
已改變為 15000，此即為答案；按【確定】鈕，完成分析工作。

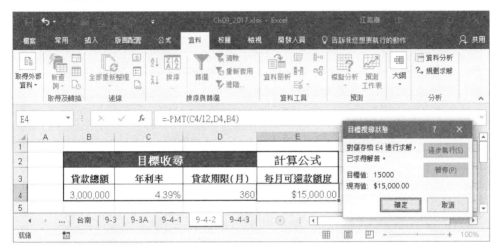

延伸閱讀

如果已知道年利率為 4.75%，每月最多僅能還款本利 1 萬 2 千元，那麼貸款額度
應該是多少？此時，僅需在 **目標搜尋** 對話方塊中，變更 **目標值** 與 **變數儲存格**，
即可得到答案。

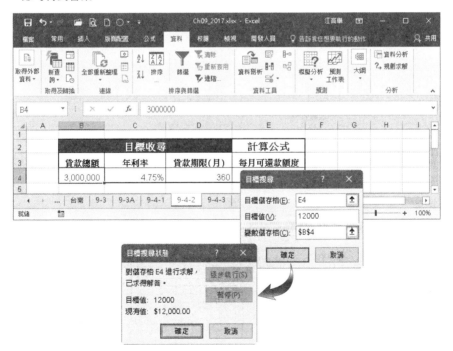

9-4-3 規劃求解

透過 **規劃求解** 可以為工作表上目標儲存格中的公式，尋找最佳值。**規劃求解** 會直接或間接使用一組與目標儲存格中的公式相關之儲存格，而且會調整所指定之 **變更儲存格** 中的數值，以求得期望的結果。您可以將 **限制式**（拘束條件）套用至可調整的儲存格、目標儲存格，或與目標儲存格直接或間接相關的其他儲存格，以便在分析模式中限制「規劃求解」所能使用的數值，而且 **限制式** 也可以參照其他影響目標儲存格公式的儲存格。

什麼樣的數學模式？在哪一種條件之下，才能夠使用 **規劃求解** 分析工具來解決問題呢？事實上，當工作表具有下列模式，規劃求解 就可以協助您。

- 相關儲存格之資料為數字或公式。
- 可以求取一個以上的解答。
- 可以使用疊代法求解之問題。
- 在拘束條件下包含數個變數或公式。

為了讓您明白如何判斷使用規劃求解的問題，將其歸納出下列的各類問題，而它們也是使用規劃求解的最佳範例。

- 分析預算，尋求可增加銷售與降低成本的最佳組合。
- 計劃幕僚階層的最大分紅利潤，而不額外加重任一計劃的經費。
- 使用充分資訊（如預估收入增值潛力），架構投資證券所能獲得的最佳回收。
- 計劃在貴公司中，獲得最佳利潤的生產等級組合，但對資源變數加上拘束條件。

一旦尋獲問題的解決方案後，**規劃求解** 會準備好報告，詳細解釋它是如何接近問題核心及如何求得解答，這類資訊 Excel 是透過列表報告方式顯示，使用者可以將其儲存、列印、製表或進一步運用於其他計算式。

說明

使用 **規劃求解** 工具時，必須先執行 **增益集**，將此分析工具載入。請點選 **檔案 >
選項** 指令，開啟 Excel **選項** 對話方塊，選擇 **增益集** 標籤，按【執行】鈕；出現
增益集 對話方塊，勾選 ☑**規劃求解增益集** 核取方塊，按【確定】鈕。

已載入「規劃求增益集」

這個範例中，每一季的廣告費用，會直接影響到銷售數量，因而間接決定總收入、相關的成本和利潤。您可以透過 **規劃求解** 的方式，變更每一季的廣告費用（儲存格 B6:E6），以使年度利潤達到最大值（儲存格 F7），其中，廣告費用的年度預算不能超過 $60,000 元（儲存格 F6）。

__範例__ 使用規劃求解方式求得解答

STEP**1** 先在工作表中建立問題模式，請參考下圖，執行 **資料 > 分析 > 規劃求解** 指令。

STEP**2** 開啟 **規劃求解參數** 對話方塊，在 設定目標式 中輸入參照位址 $F$7，在 **藉由變更變數儲存格** 中輸入參照位址 $B$6:$E$6，按【新增】鈕。

> **說明**
> 藉由變更變數儲存格 所參照的儲存格的內容，不可以包含公式或文字。

STEP**3** 出現 **新增限制式** 對話方塊，在 **儲存格參照地址** 與 **限制值** 中，分別輸入相關資料，按【確定】鈕

STEP**4** 回到 **規劃求解參數** 對話方塊，按【選項】鈕。

新增的「拘束條件」

STEP**5** 出現 **選項** 對話方塊，視需要選擇不同的選項標籤，分別設定相關的條件，完成設定之後，按【確定】鈕。

接下頁 ➡

STEP**6** 回到 **規劃求解參數** 對話方塊，按【求解】鈕，開始計算。

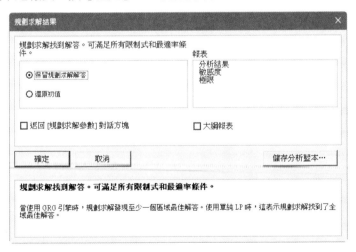

STEP**7** 出現 **規劃求解結果** 對話方塊，點選 ⊙**保留規劃求解解答** 選項，視需要選擇
要顯示之報表，按【確定】鈕，完成分析工作。

如果您在上一步驟中，選取了某個 **報表** 項目，則 Excel 會新增工作表儲放分析資料與相關內容。

敏感度分析報表

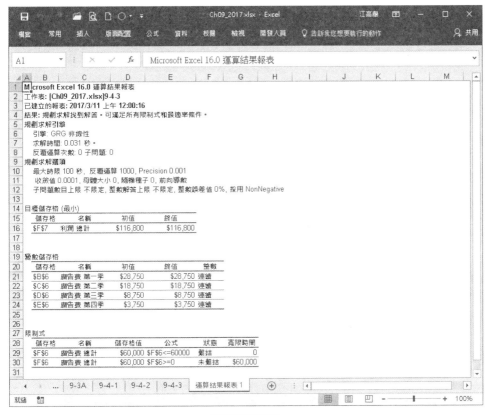

運算結果報表

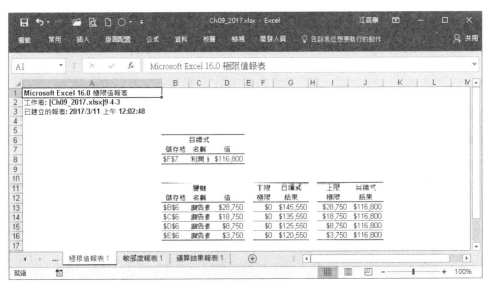

極限值報表

說明

如果經由 Excel 計算後，所獲得的結果不合理，或產生發散性的數值，這時，您必須修改原來儲存格的初始值，以便讓計算過程達到收斂的結果。

Chapter **10**

圖表函數的應用

10-1 認識圖表類型

10-2 Excel 圖表的基礎概念

10-3 建立動態圖表

10-4 建立函數圖形

10-5 建立趨勢線

完成一份試算表或表格資料的編輯之後，透過 Excel 可以很快地建立一個實用又美觀的圖表，將數值資料的實際涵義清楚表達出來。針對 Excel 內建的圖表類型，大致上可分為 10 種，每一種類型，又包含數種平面或立體圖形供您選擇。

10-1 認識圖表類型

動手建立圖表之前，我們先來認識各種不同的圖表類型，透過圖例對照，協助您在繪製時選擇最適當的圖表，用以分析資料。至於要如何應用這些圖表類型，完全要看工作性質的需求而定，例如：2013 世界棒球經典賽冠軍爭霸戰二隊戰力的分析比較，使用 **雷達圖** 可以清楚呈現二隊之間投、捕、打的優劣差異。針對圖表類型的選擇，僅提下表的參考意見，請自行參酌。

顯示內容	使用圖表種類	範例
變數間的關係	長條圖、XY 散佈圖	比較不同教育程度者休閒的時間；比較房屋價的平均跌幅與房屋在市場的時間
頻率分配	長條圖	不同價格範圍的房屋數目 不同年齡層的員工數
在一定時間內項目的變動情形	折線圖、長條圖、開盤 - 高 - 低 - 開 - 收盤股價圖、組合式圖表	2015 至 2017 年的年度銷售量
某特定時間內項目的情形	橫條圖、堆疊橫條圖	某年 5 種產品的營業額 某年每個月的利潤
在整體中所佔的百分比	分百比堆疊區城圖、百分比堆疊橫條圖	公司所佔有的市場 台中科學園區各公司佔用土地的比例
資料範圍	長條圖、開盤 - 高 - 低 - 開 - 收盤股價圖	台灣 4、5 月份的日降雨量
資料的對稱性或一致性	雷達圖	個人業績與團體業績之比較

直條圖

直條圖 是最普通的商用圖表種類，每一種直條圖，都能呈現工作表資料之間的特定關係。標準的直條圖，強調個別值；除了個別值之外，如果還想比較每一期間的合計，請使用 **堆疊式直條圖**，**堆疊式直條圖** 中的長條代表合計，每一個長條中的條塊，代表組成合計的部份。

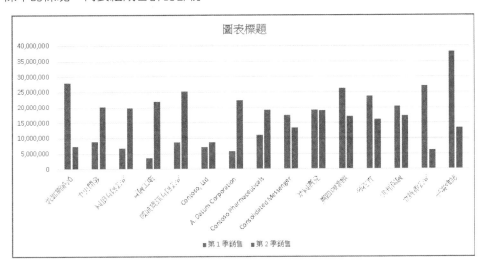

橫條圖

橫條圖 所要表示的含意與直條圖是一樣的，但是其數值為水平方向移動。

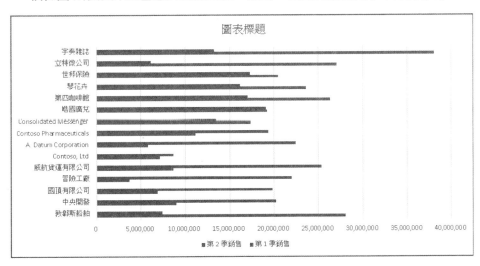

折線圖

折線圖 可顯示一定時間內一組資料的變動情形。就像 **長條圖** 一樣，**折線圖** 和 **區域圖** 通常會在 **X 軸** 上，從左至右顯示時間的進行；尤其當有多組資料數據時，更能表現這二種圖表的功能。繪製折線圖時，Excel 將資料項目中的每一個元素畫成一個資料點，再用一條直線來連接這些資料點。可使用折線圖來分析實際的數值，也可以藉著折線圖比較直線的斜率，測量變更率。

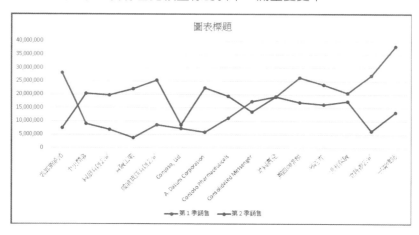

區域圖

區域圖 同樣可以顯示一定時間內一組資料的變動情形，**區域圖** 藉由強調曲線（也就是每一個資料項目所建立的曲線）下面的區域，來顯示資料在一定時間內的趨勢，或藉由顯示繪製值的總和，顯示部分與整體的關係。

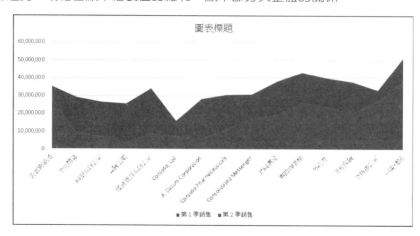

XY 散佈圖與泡泡圖

XY 散佈圖 與 折線圖 類似,但是在畫資料點時,它所用的 X 軸 是一個數字軸。任何 XY 散佈圖的資料點,若沒有用直線連起來,即被稱為 散佈圖。您可以使用 XY 散佈圖來察看,許多組資料之間是否有所關聯。若資料點聚集在接近一條直線的周圍,則表示它們之間有關聯;資料點越接近直線,其關聯性也就愈明顯。

泡泡圖 是三個資料為一組的比較圖表,前二個資料為 XY 散佈圖資料標記的大小,第三個資料代表泡泡的大小。泡泡圖不但可以看出資料的分佈與關聯性,更可以清楚表達出那些資料點區域是權重較大的部份,是一個很棒的分析工具。

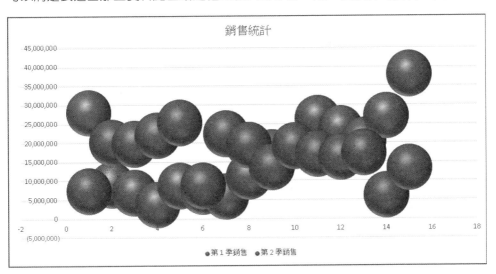

圓形圖和環圈圖

　　圓形圖 可將部份與整體相比較。圓形圖中，Excel 將每一個資料點或資料元素畫成一個圖塊，圖塊的大小與它所代表的資料範圍百分比相當。您可將每一圖塊所代表的實際百分比，或數值包含進去，也可以把圖塊拉出。

　　環圈圖 是圓形圖的一種變形，它所表示出來的意義與圓形圖相似，但二者之間的差異是：圓環圖可以同時畫出好幾個類別資料的圖形，代表各自資料的百分比範圍。

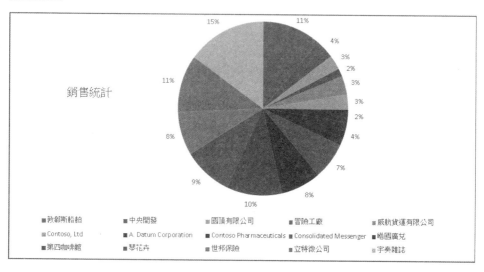

股票圖

使用 **股票圖** 可追蹤一定時間內資料的變動情形,例如:股票、商品、氣溫及匯率…等的波動情形。

- **成交量 - 最高 - 最低 - 收盤股價圖**:是由一組垂直式長條所組成,每一長條上有二個標記。每一個垂直式長條,顯示第一個和第二個資料項目的數值範圍(最低價和最高價)。右邊的標記代表三個資料項目(收盤價),而左邊的標記代表第四個資料項目(開盤價)。

- **成交量 - 開盤 - 最高 - 最低 - 收盤股價圖**:第五個資料項目以長條圖表示,它在股價圖中代表交易的數量,其餘資料項目均以直線圖表示。

- **開盤 - 高 - 低 - 收盤股價圖**:是以加寬的垂直式長條來顯示第三個及第四個資料項目(收盤價及開盤價),其寬度為收盤價及開盤價間的範圍。如果收盤價高於開盤價,則垂直式長條是空白的;反之,若收盤價低於開盤價,則垂直式長條將被填滿。其餘的圖表格式與 **成交量 - 最高 - 最低 - 收盤股價圖** 一樣。

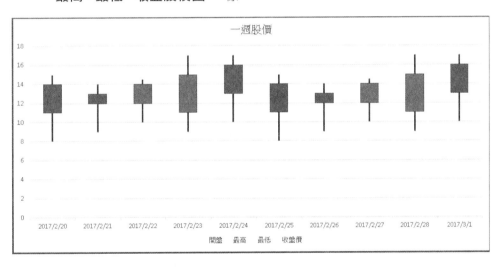

曲面圖

　　曲面圖 用於繪製在工作表上欄或列中排列的資料。如果想要找出二組資料間的最佳組合，曲面圖會很有用。例如：在地形圖中，便是用色彩與圖樣表示出數值範圍相等的區域；當類別及資料數列都是數值時，可以使用曲面圖。

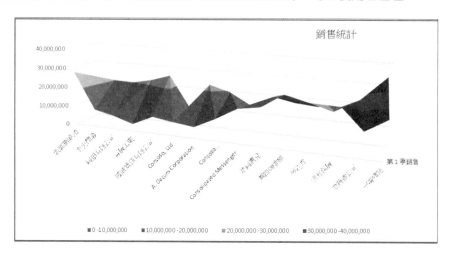

雷達圖

　　雷達圖 是含有一中心點的封閉折線圖，每一個座標軸代表一組資料點。由於雷達圖將資料畫成與中心點之間的距離函數，因此，可以把資料的對稱性或一致性顯示出來；雷達圖可以比較多個資料數列，尤其應用在二個類別以上且多項目的優劣比較，能夠非常清楚的表達各類別資料的差異性。

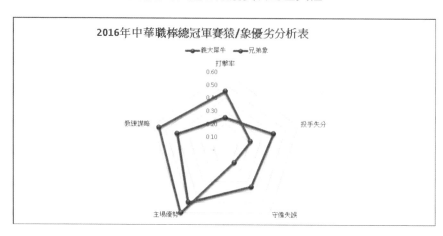

10-2 Excel 圖表的基礎概念

在 Excel 2013 版本之後,建立圖表的方式變得更簡單,只要按下 **插入 > 圖表 > 建議圖表** 指令,就能快速的從多種圖表中選取最適合的樣式,輕鬆建立圖表。

10-2-1 認識圖表中的各個項目

所有的圖表,基本上皆由 **數列** 所產生,其主要功用是將數值資料轉換為圖形,讓使用者很清楚地看到每個數字所代表的意義。

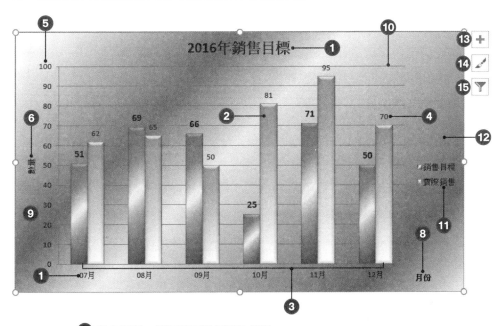

1 圖表標題:標示與圖表相關的名稱

2 資料點:對應於類別資料的獨立數值

3 資料數列:對應於類別的一組數值資料

4 資料標籤:表達資料點數值或類別文字的說明

5 數值(Y)座標軸:用以量度資料點的大小(一般設定為垂直軸)

6 數值(Y)座標軸標題:資料點的度量名稱

接下頁 ➡

7 **類別（X）座標軸**：用以分開顯示資料數列類別

8 **類別（X）座標軸標題**：類別的總稱（例如：月份）

9 **座標刻度**：用以細分資料點度量或類別集合

10 **主要格線**：繪圖區的分隔線，便於閱覽資料

11 **圖例**：資料數列或類別的代表色彩與名稱

12 **繪圖區**：繪製資料數列的區域

13 **圖表項目**：可以快速預覽、變更圖表中的項目

14 **圖表樣式**：可以快速變圖表的外觀與樣式。

15 **圖表篩選**：可以快速篩選出要顯示在圖表的資料。

說明

只要將滑鼠移到圖表上的任一個元件時，會立即顯示該元件的說明。

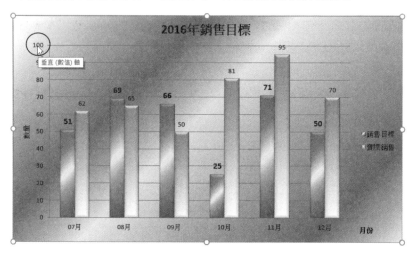

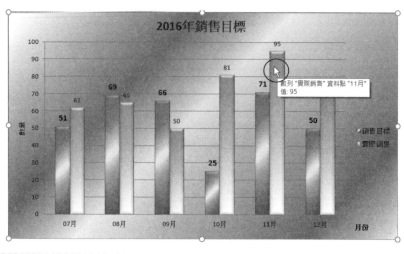

10-2-2 快速建立圖表

Excel 放置圖表的方式有二種：一種是直接顯示在 **工作表** 上，稱它為 **嵌入圖**；另一種是專門顯示圖表物件的 **圖表工作表**。不管是使用哪一種方式，操作方法皆相同，都可以透過 **插入 > 圖表** 功能區中的指令操作，建立之後再選擇圖表放置的方式。別忘了，建立之前要先準備好所需的相關資料。

STEP**1** 先在工作表中輸入圖表所需的相關資料，然後選取欲建立圖表數據的儲存格範圍。

STEP**2** 執行 **插入 > 圖表 > 建議圖表** 指令。

出現 **插入圖表** 對話方塊並位於 **建議的圖表** 標籤，捲動建議的圖表清單點選合適的圖表，右側可以預覽並顯示相關說明，確認後按【確定】鈕。

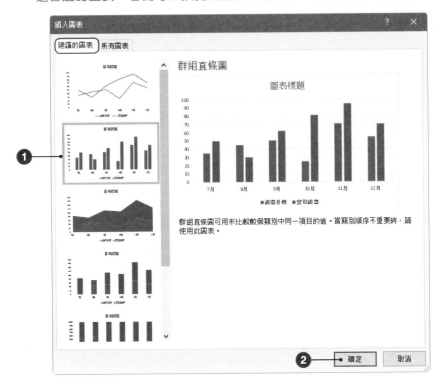

STEP**4** 工作表中已出現套用預設樣式的圖表。點選圖表右上角的 **圖表項目** ⊞ 、**圖表樣式** ⁄ 和 **圖表篩選** ▽ 智慧標籤，可以視需要調整要顯示的圖表項目（例如：座標軸標題或資料標籤）、圖表樣式及外觀與篩選（變更）圖表內顯示的資料。

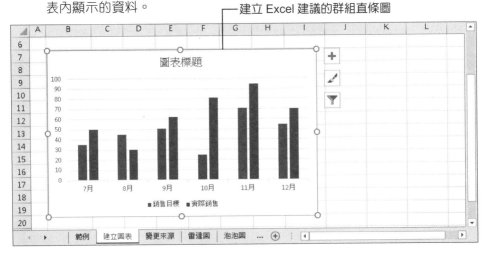

建立 Excel 建議的群組直條圖

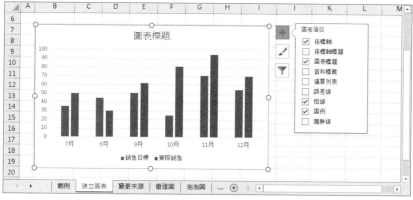

顯示座標軸標題與資料標籤

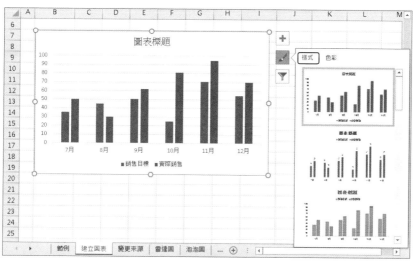

變更圖表樣式

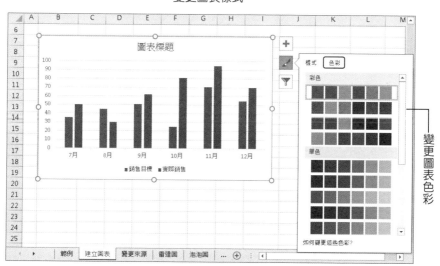

變更圖表色彩

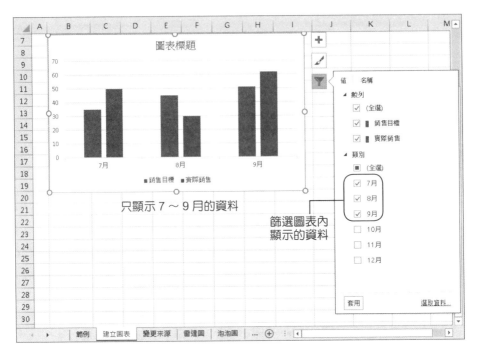

只顯示 7 ～ 9 月的資料

篩選圖表內
顯示的資料

STEP **5** 點選建立的圖表後，視需要可以在 **圖表工具 > 設計** 和 **圖表工具 > 格式** 關
聯式索引標籤中設定其他的版面配置方式、樣式、變更圖表類型、格式。

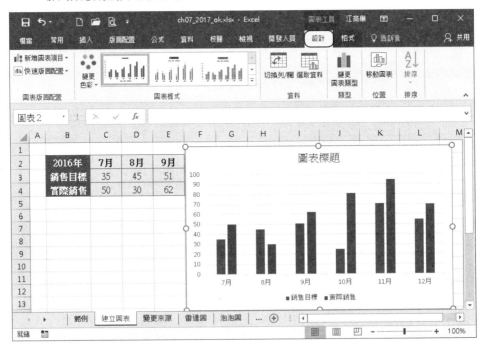

10-14

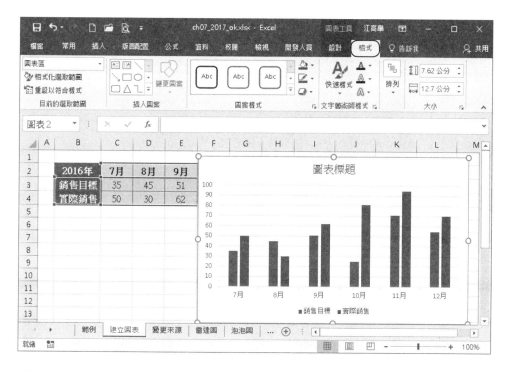

說明

- 選取欲建立圖表數據的儲存格範圍後，若點選右下角的 **快速分析** 標籤，再點選其中的 **圖表** 標籤，然後選擇合適的圖表類型，也能快速建立建議的圖表。

- 如果在 **插入圖表** 對話方塊的 **建議的圖表** 標籤沒有找到覺得合適的圖表，請選擇 **所有圖表** 標籤，查看所有可用的圖表類型。

接下頁 ➡

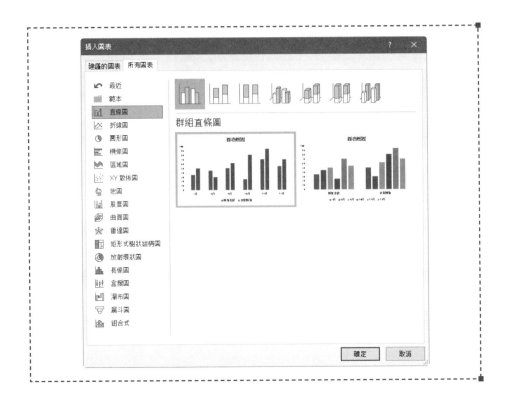

10-2-3 圖表版面配置範本

圖表建立好了之後，只要點選圖表就能在 **圖表工具 > 設計 > 圖表版面配置 > 快速版面配置** 指令選單中，直接套用 Excel 預設的 11 種「版面配置範本」，即可獲得所要的圖表外觀。

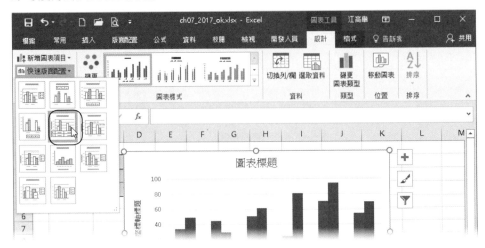

10-2-4 調整圖表大小與搬移位置

建立圖表時，預設會將完成的圖表嵌入工作表中，圖表的周圍會有一個半透明邊框，上方有 8 個控制點；使用滑鼠指向圖表，按住滑鼠左鍵拖曳，可以將圖表搬移到新的位置；若將滑鼠指向控制點，按住後拖曳，則可以調整圖表的大小。

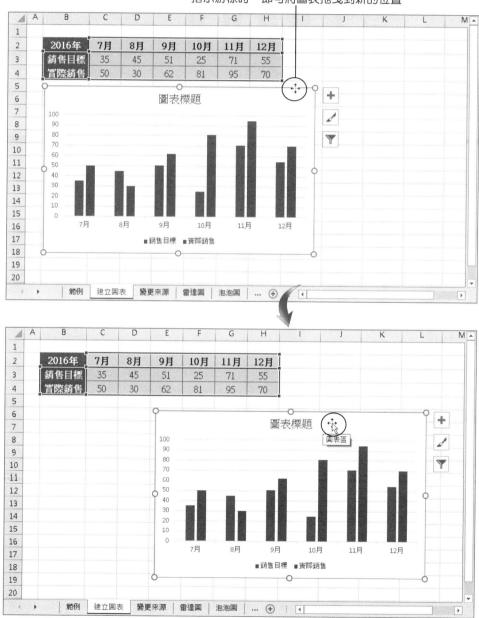

滑鼠指到圖表，當游標變成十字型的移動
指示游標時，即可將圖表拖曳到新的位置

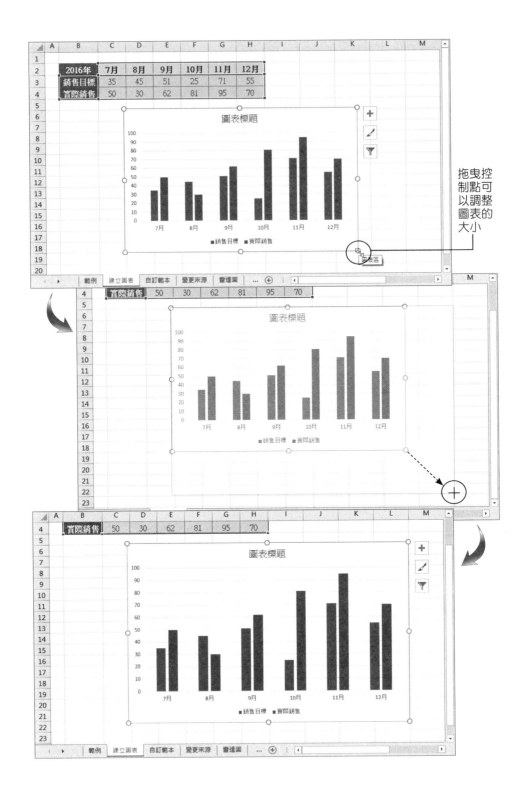

拖曳控
制點可
以調整
圖表的
大小

10-2-5 變更圖表類型

無論使用哪一種方式建立圖表，可能會因為資料的變更、顧客的要求…等，需要變更圖表的類型，這樣該如何執行呢？當然不需要重新建立圖表，只要針對原先已建立的圖表修改即可。

STEP**1** 使用滑鼠點選要變更的圖表，執行 **圖表工具 > 設計 > 類型 > 變更圖表類型** 指令。

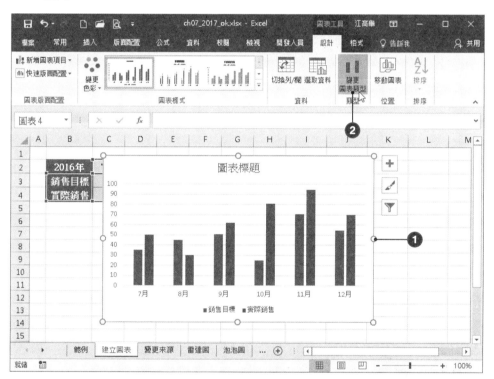

STEP**2** 出現 **變更圖表類型** 對話方塊並位於 **所有圖表** 標籤，在左側選擇要變更的圖表類型標籤，例如：**區域圖**；點選 **副圖表副類型**，例如：**立體區域圖**；視需要在預覽圖表中選擇 **數值** 或 **類別** 標籤的顯示方式，按【確定】鈕。

接下頁 ➡

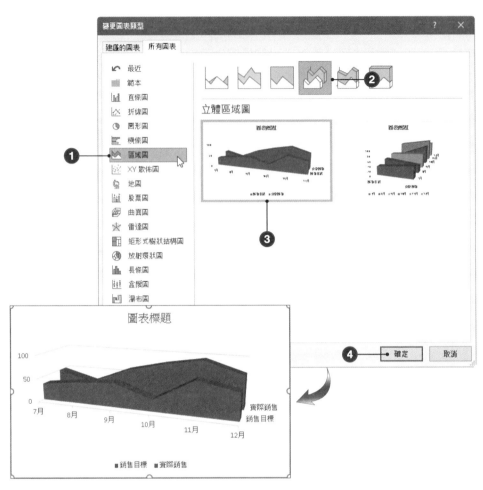

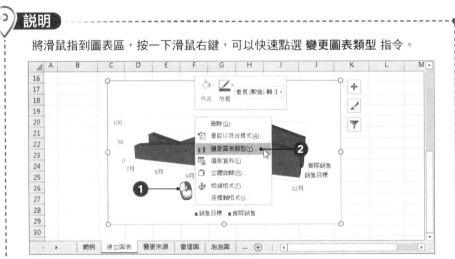

說明

將滑鼠指到圖表區,按一下滑鼠右鍵,可以快速點選 **變更圖表類型** 指令。

10-2-6 自訂圖表範本

　　建立圖表並完成格式設定之後,若是屬於常態性報告使用的圖表,為了節省設定時間提升工作效率,使其能夠重複使用,可以將它另存為 **圖表範本**(*.crtx)。

STEP**1** 點選已建立並完成格式設定的圖表,按一下滑鼠右鍵,執行 **另存為範本** 指令。

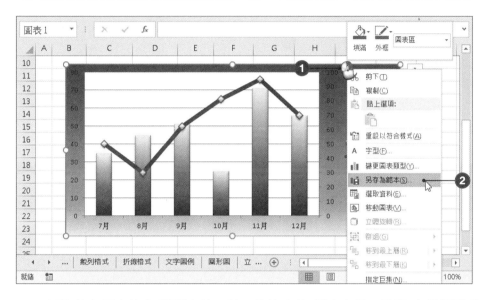

STEP**2** 出現 **儲存圖表範本** 對話方塊,輸入此範本的 **檔案名稱**;確認 **存檔類型** 為 **圖表範本檔案** (*.crtx),按【儲存】鈕。

STEP**3** 日後如果想要套用此範本，請先選取要變更的圖表，然後執行 **圖表工具 >
設計 > 類型 > 變更圖表類型** 指令。

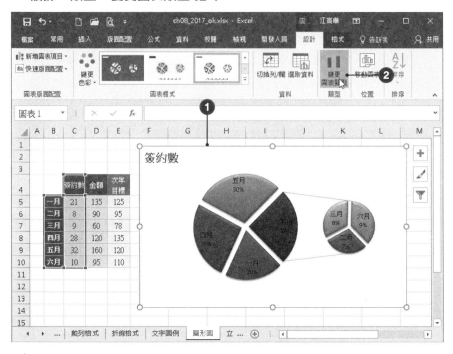

STEP**4** 出現 **變更圖表類型** 對話方塊，選擇 **所有圖表** 標籤，在 **範本** 清單中點選
要使用的自訂範本，例如：志凌專用，按【確定】鈕即能套用。

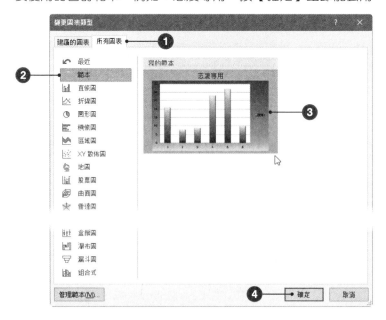

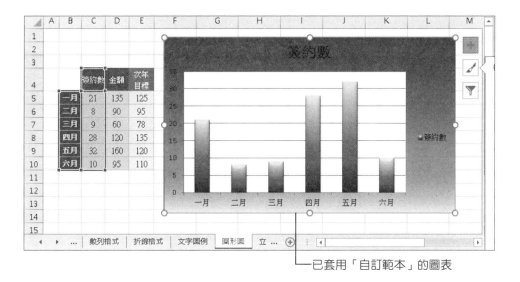

└─ 已套用「自訂範本」的圖表

如果所選取的圖表內含至少二個資料數列,則套用自訂範本的結果如下圖所示,請讀者自行練習。

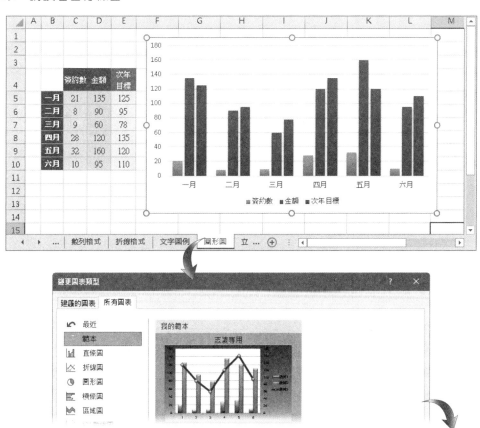

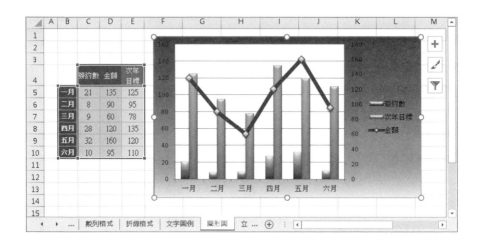

10-2-7 SERIES 函數

當您建立好圖表後，只要選到任一資料數列，即會在 **資料編輯列** 出現 SERIES 函數公式，不過，此 SERIES 函數不能單獨在一工作表的儲存格中使用，僅是提供給圖表使用，我們可修改公式中的相關引數，以變更圖表內容。

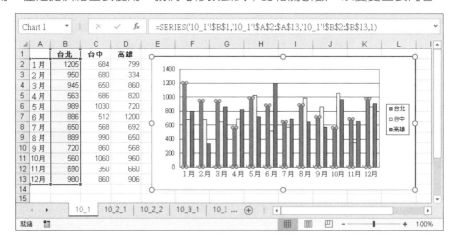

語法

> SERIES(數列名稱, 類別標籤, 數列數值, 數列順序)

引數

數列名稱：圖表中數列名稱，會出現在圖例中。

類別標籤：出現在類別座標軸上的標籤。

數列數值：用來繪製圖表的數值。

數列順序：數列的繪圖順序。

當我們選取圖表，執行 **圖表工具 > 資料 > 選取資料** 指令時，即可在 **選取資料來源** 對話方塊中，將其中的設定值與 SERIES 函數一一對應。

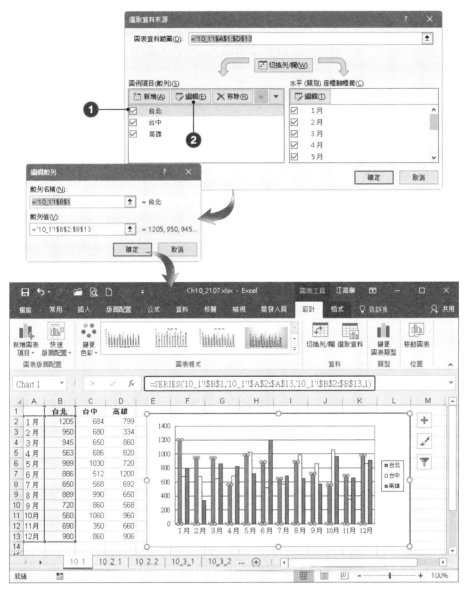

> **説明**
>
> 從上述圖示中，會發現 SERIES 函數是用 **儲存格參照位址** 為 **引數**，但仍可以使用 **儲存格名稱** 來替換 **儲存格參照位址**，即是在此特別要提出說明的重要結論！

10-3 建立動態圖表

在 Excel 建立一個圖表，只要使用 **圖表指令** 很容易就可以製作完成。但是要建立一個 **動態圖表**，就不是 **圖表指令** 的專長了。不過，建立 **動態圖表** 真的不難，只要把握住使用「動態儲存格範圍名稱」，再配合 SERIES 函數，就可以輕鬆完成！

10-3-1 自動更新圖表

在這一小節將以範例說明，如何將每日（或每月）新增的資料，自動更新到圖表中顯示。由於每日銷售數量圖表，在其數值範圍（儲存格範圍）會每天增加新的儲存格，所以必須使用 **動態圖表** 來處理。

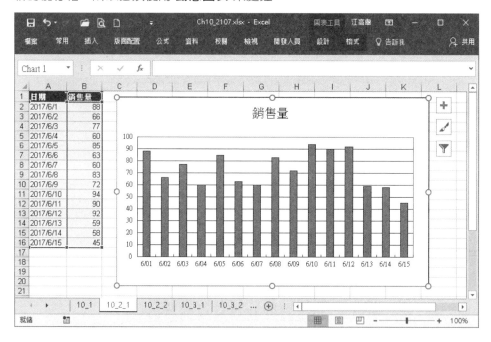

STEP**1** 開啟範例檔案之後，選擇「10_2_1」工作表；首先要設定動態儲存格範圍的名稱，本例中包含了「日期」與「銷售量」欄位。

STEP**2** 執行 **公式 > 已定義之名稱 > 定義名稱 > 定義名稱** 指令。

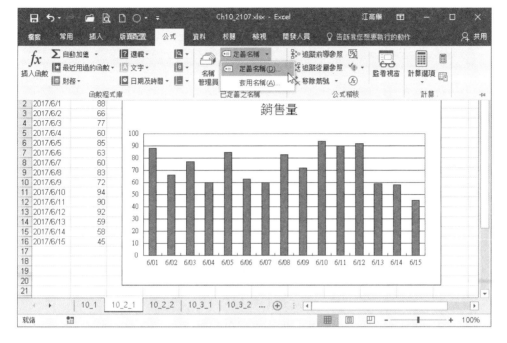

STEP**3** 出現 **編輯名稱** 對話方塊，**名稱** 輸入「日期」，於 **參照到** 欄位輸入下列公式，按【確定】鈕。

=OFFSET('10_2_1'!$A$2,0,0,COUNTA('10_2_1'!$A:$A)-1)

STEP**4** 重複步驟 2~3，出現 **編輯名稱** 對話方塊，於 **名稱** 輸入「銷售量」，於 **參照到** 欄位輸入下列公式，按【確定】鈕。

=OFFSET('10_2_1'!$B$2,0,0,COUNTA('10_2_1'!$B:$B)-1)

說明

儲存格名稱 的詳細用法，請參考本書第一章，此處「COUNTA(B:B)-1」，是計算 B 欄中有資料的儲存格數目，再減 1 格（標題名稱）之後得到資料數列範圍。

完成動態儲存格範圍的名稱定義之後，請先選取現有儲存格範圍，例如：
A1:B16，執行 **插入 > 圖表** 指令，建立所要的圖表。

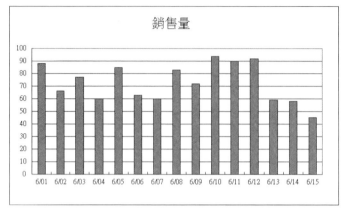

此圖表並不會隨著 A 與 B 欄位資料的增減而變動

STEP**6** 請選到圖表中對應的數列，在 **資料編輯列** 中，將「A2:A16」改為「日
期」、「B2:B16」改為「銷售量」，如下圖所示。

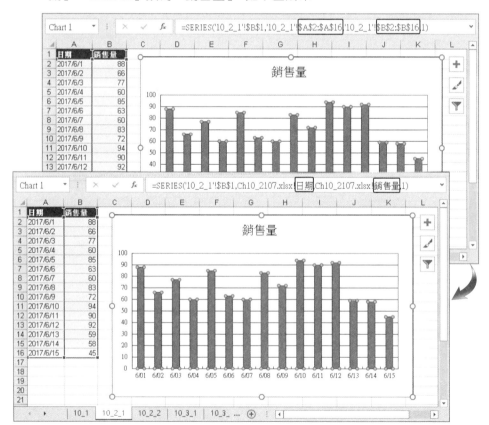

STEP**7** 請在 A17:B21 儲存格範圍中，新增五組資料，圖表即會自動更新。

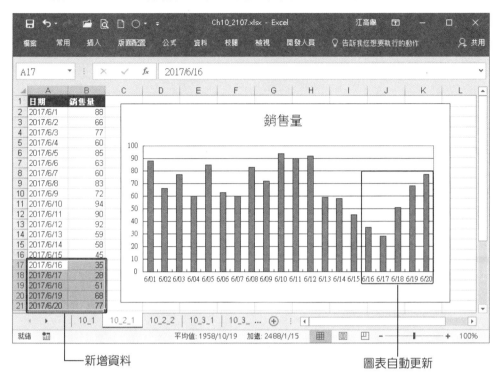

——新增資料

圖表自動更新

10-3-2 互動式圖表

　　有些數據資料轉為圖表之後，因為某些因素，希望在不變更數值資料範圍與圖表大小、位置的條件下，由使用者挑選圖表中所要顯示的數列。這種互動式圖表的處理也是提高工作效率的方法之一。

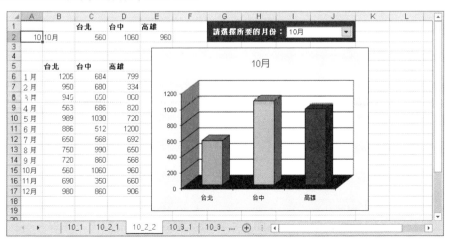

上圖是顯示 10 月份各城市的銷售量，使用者只需要點選工作表上的下拉式清單，選擇所要顯示的月份，即可變更圖表內容變更，但圖表的位置、大小都不會改變。接下來，我們將說明相關做法。

STEP**1** 開啟範例檔案之後，選擇「10_2_2」工作表。

STEP**2** 這個範例的原始資料是在 A5:D17 儲存格範圍，為了建立互動式圖表，先要抽取資料，所以在 B1:E2 建立繪製圖表的資料範圍。

STEP**3** 在 C1:E1，分別輸入台北、台中、高雄欄位名稱。

STEP**4** 在 A2 先輸入一個代表數值，例如：6。

STEP**5** 在 B2:E2，分別使用 INDEX 函數，取得所要的數值資料。

在B2儲存格輸入下列公式，以取得月份。

=INDEX(A6:A17,$A$2)

在C2儲存格輸入下列公式，以取得台北對應月份資料。

=INDEX(B6:B17,$A$2)

在D2儲存格輸入下列公式，以取得台中對應月份資料。

=INDEX(C6:C17,$A$2)

在E2儲存格輸入下列公式，以取得高雄對應月份資料。

=INDEX(D6:D17,$A$2)

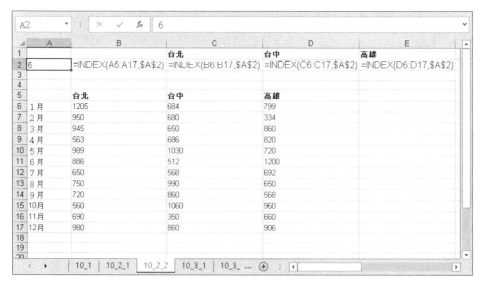

STEP**6** 選取 B1:E2 儲存格範圍，建立 **插入 > 圖表 > 直條圖** 指令，建立圖表。

STEP**7** 請點選 **檔案 > 選項** 指令,開啟 **Excel 選項** 對話方塊,選擇 **快速存取工具列** 標籤,*由此選擇命令* 清單中選擇 **不在功能區的命令**,並於下方點選 **下拉式方塊(表單控制項)**,按【新增】鈕,將其加到 **快速存取工具列**,按【確定】鈕。

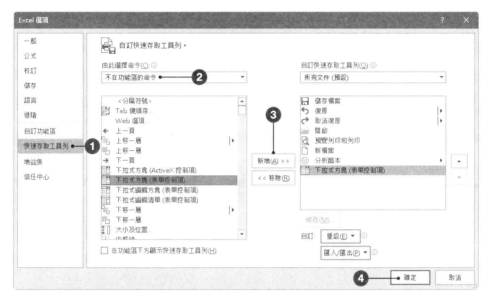

STEP**8** 點選 **快速存取工具列** 上的 **下拉式方塊** 工具鈕,在工作表所要顯示的位置,拖曳出此下拉式方塊的大小。

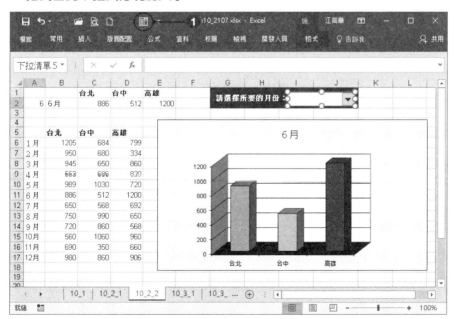

STEP**9** 滑鼠移到 **下拉式方塊** 控制項，按一下滑鼠右鍵，點選 **控制項格式** 指令。

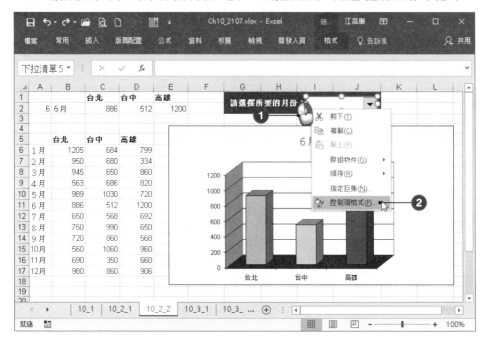

STEP**10** 在 **控制項格式** 對話方塊中，選擇 **控制** 標籤，輸入範圍 設定為 A6:D17；
儲存格連結 選取 A2；**顯示行數** 輸入 12，按【確定】鈕。

STEP**11**此時,您只要將滑鼠指向下拉式方塊,即會出現「小手」;點選後即可在清單中選擇所要的月份,顯示對應的圖表。

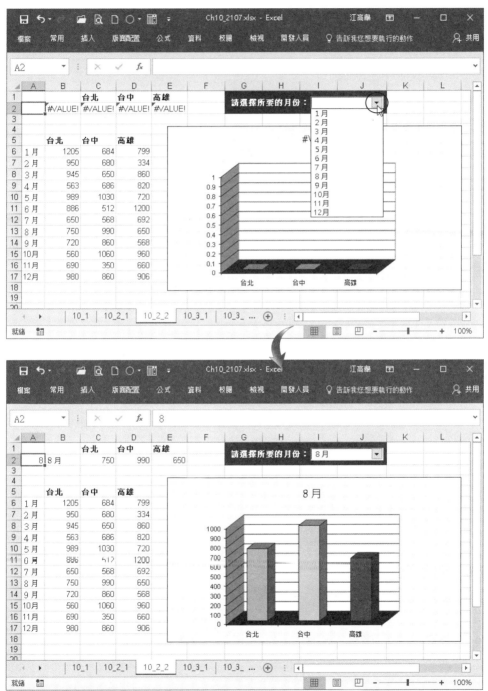

10-4 建立函數圖形

有些時候在工作中所得到的 **單變數** 或 **雙變數** 函數公式，需要將其以圖形顯示對應的資料點，此時您即需要知道如何繪製函數圖形，請參考這節的說明。

10-4-1 單變數函數圖形

在 Excel 工作表中要繪製 **單變數函數** 圖形，並不困難！重點是要確定繪製的數值區間，並且計算對應的數值資料，放在各儲存格中。

如果要繪製「$y=x^3+x^2$」函數圖形，區間為 -3 至 +3，其做法如下。

__範例__ 繪製單變數函數圖形

STEP**1** 開啟範例檔案之後，選擇「10_3_1」工作表。

STEP**2** 在 X 區間挑選幾個數值點，並輸入到 A3:A15 的儲存格範圍。

STEP**3** 選擇 B3 儲存格輸入下列公式，然後使用滑鼠按住 **填滿控制點** 向下拖曳到 B15 儲存格。

=A3^3+A3^2

STEP**4** 先選取 A2:B15 儲存格範圍，再執行 **插入 > 圖表 > 折線圖** 指令，繪出折線圖。

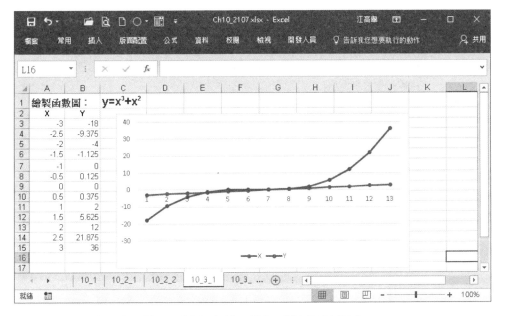

STEP**5** 點選折線圖表，按一下滑鼠右鍵，執行 **選取資料** 指令。

STEP**6** 出現 **選取資料來源** 對話方塊，於 **圖例項目（數列）**清單中，點選 X 數列，
按【移除】鈕。

STEP**7** 於 **水平（類別）座標軸標籤** 清單，按【編輯】鈕。

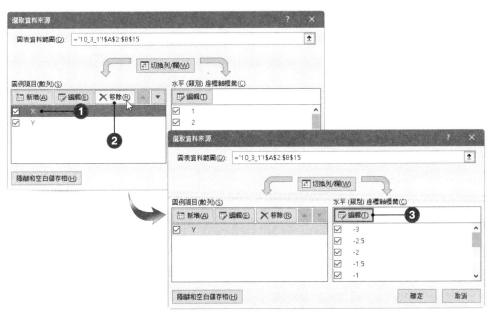

接下頁 ➡

STEP**8** 出現 **座標軸標籤** 對話方塊，將儲存格範圍設為 A3:A15，按【確定】鈕。

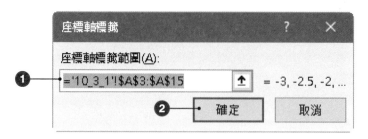

STEP**9** 修改圖表中的各項元件，然後調整座標軸的相交位置，完成此函數所繪製的圖形。

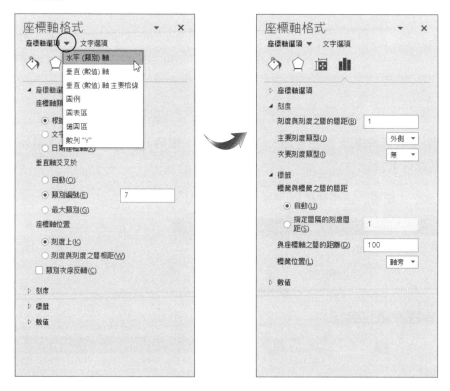

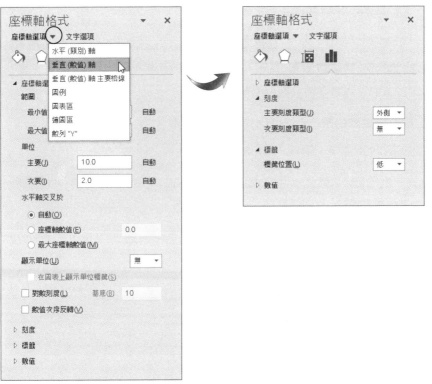

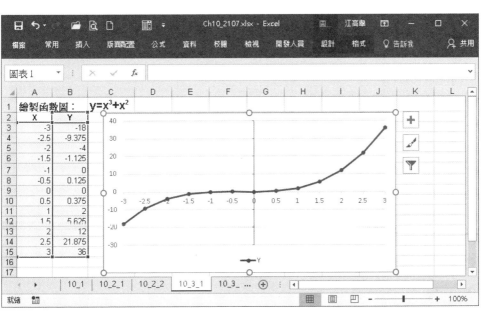

10-4-2 雙變數函數圖形

Excel 的圖表類型中，除了 **直條圖**、**折線圖** 之外，也可以繪製 **曲面圖**，如果要繪製的函數為 **雙變數函數** 圖形，即可使用 **曲面類型** 來處理。接下來將以 Z=SIN(X)*COS(Y) 的雙變數函數簡單說明其做法。

範例 繪製雙變數函數─Z=SIN(X)*COS(Y) 圖形

STEP**1** 開啟範例檔案之後，選擇「10_3_2」工作表。

STEP**2** 首先，在 C2:W2 輸入 X 的區間，由 -3 至 0；在 B3:B23 輸入 Y 的區間，由 2.00 至 5.00。

STEP**3** 在 C3 輸入下列公式，然後使用滑鼠按住 **填滿控制點** 向下拖曳到 C3:W23 儲存格範圍。

=SIN(C$2)*COS($B3)

資料表格

說明

請注意，步驟 3 的公式為 **混合參照** 的應用

STEP**4** 選取 B2:W23 儲存格範圍，執行 **插入 > 圖表 > 區域圖** 指令，建立 **曲面類型**
的圖表。

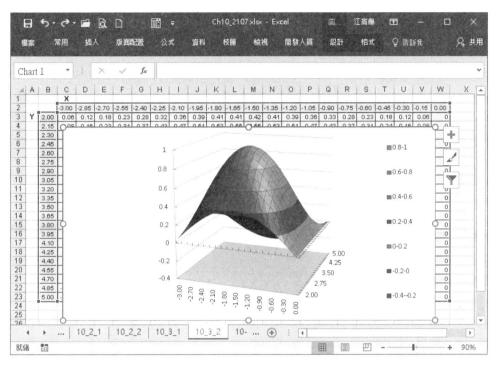

10-5 建立趨勢線

在日常工作中，我們經常會接觸到許多資料（數據），例如：股票價格、存款利息、基金淨值…等，而透過歷史資料可以檢視過去到現在的趨勢。但對於未來會發生的狀況是否能先行預測，以求得預估值，方便評估從現在到未來情形呢？您可以使用 Excel 收集已經產生的數據，經由計算得到 **趨勢線**，求得預估值，詳細的說明請參考本節內容。

10-5-1 線性趨勢線

線性趨勢線 是指依據已經存在的數值，先求得一直線函數，然後於圖表上顯示此趨勢線。

求得直線函數（直線方程式）的過程，很重要的一個步驟就是要先求得直線的 **斜率**（m）與 **常數**（b），如此便可以得到 y=mx+b 這個直線方程式。

範例 繪製線性趨勢線

STEP**1** 請開啟範例檔案之後，選擇「10-4-1」工作表。

STEP**2** 在 A 與 B 欄位輸入 12 個月份與對應的 X 數值（1~12）。

STEP**3** 在 C 欄位，將已經存在的數據資料（Y）值，輸入到對應的儲存格。

STEP**4** 我們可以依此組資料，檢視這些現有資料的趨勢線。參考下圖選取 D2:D11 儲存格範圍，並輸入下列公式後，同時按 Ctrl + Shift + Enter，即可得到此趨勢線的對應值。

=TREND(C2:C11,B2:B11)。

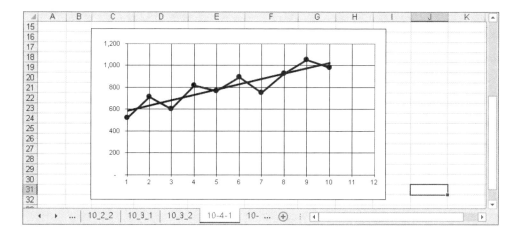

 說明

TREND 函數是依循已知數據以 最小平方法 所求而得的預測值。

STEP**5** 為求得 Y=mx+b 的 **斜率**（m）與 **常數**（b），請選取 H2:I2 儲存格範圍，並

輸入下列公式後，同時按 [Ctrl] + [Shift] + [Enter]，求得 m=48.78，b=532.26。。

=LINEST(C2:C11,B2:B11)

STEP**6** 先在 E2 儲存格輸入下列公式，然後以滑鼠按住 **填滿控制點** 向下拖曳至
E2:E13 儲存格範圍，得到各點的趨勢值，也等於 11 與 12 月的預估值。

=(B2*HS)+$I$2

預估值

延伸閱讀

如果不需要這個趨勢線與相關數值，只想直接求得 11 或 12 月的預估值，那麼
可以嘗試使用下列方式處理。

● 請選到任一儲存格，例如：F12，輸入下列公式，得到答案為 1.069。

=FORECAST(C11,C2:C11,B2:B11)

● 若將公式修改如下，得到答案為 1.118。

=FORECAST(C12,C2:C12,B2:B12)

請與前述方式所求得之預估值（E12 與 E13 儲存格）比較一下，它們的結果幾
近相同。

10-5-2 非線性趨勢線

針對一些已知數值，如果要預估未來可能發展的趨勢，並不一定都是直線式的情況，有可能是彎曲方式發展，這種情形我們稱為 **非線性趨勢線**；而非線性曲線，可說是千變萬化，在這裡我們提供二種常用的曲線說明其相關做法。

範例 繪製 y=CXb 趨勢線

STEP**1** 請開啟範例檔案之後，選擇「10-4-2A」工作表。

STEP**2** 先在 A、B、C 欄位，分別輸入月份與 X、Y 所對應的已知數值。

STEP**3** 選取 F2:G2 儲存格範圍，輸入下列公式後，同時按 Ctrl + Shift + Enter，得到冪次（b）為 2.559；自然對數 C 為 1.917(lnC=1.917)。

=LINEST(LN)C2:C11),LN(B2:B11),,TRUE)

STEP**4** 在 H2 儲存格輸入下列公式，得到常數 C 為 6.802。

=EXP(G2)

STEP**5** 在 D2 儲存格輸入下列公式，然後以滑鼠按住 **填滿控制點** 向下拖曳至 D2:D3，得到所要的非線性趨勢線與預估值。

=$H$2*(B2^$F$2)

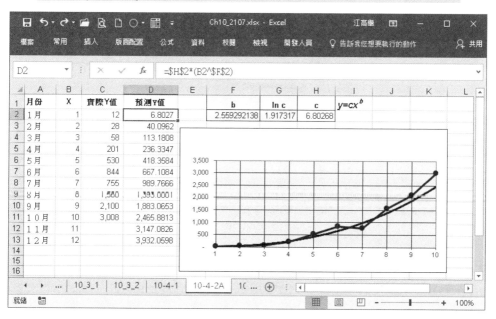

範例 繪製 $y=C3X^3+C2X^2+C1X+b$ 函數圖形

STEP1 請開啟範例檔案之後,選擇「10-4-2B」工作表。

STEP2 先在 A、B、C 欄位,分別輸入月份與 X、Y 所對應的已知數值。

STEP3 選取 F2:I2 儲存格範圍,輸入下列公式後,同時按 Ctrl + Shift + Enter ,求得此方程式的 C3、C2、C1 與 b 等四個係數。

=LINEST(C2:C11,B2:B11^{1,2,3})

STEP4 在 D2 儲存格輸入下列公式,然後以滑鼠按住 **填滿控制點** 向下拖曳至 D2:D13,得到所要的預估值。

=($F$2*B2^3)+($G$2+B2^2)+($H$2*B2)+$I$2

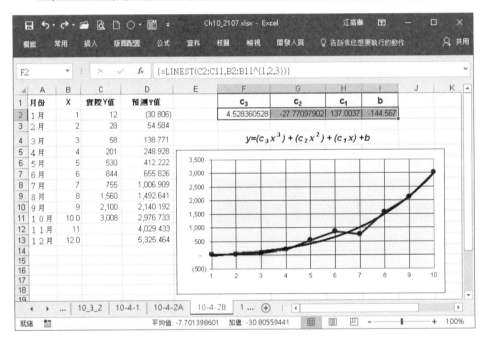

Chapter 11

使用表格（資料庫）

11-1 建立 / 編修表格—簡易資料庫

11-2 資料篩選

11-3 資料排序

11-4 工作表之群組及大綱

11-5 表格的計算功能

Excel 雖然不是專為資料庫所設計的軟體，但是它也提供了常用的資料庫功能，像這樣內含一筆筆記錄的資料，在 Excel 中稱為「表格」。使用者不必寫任何程式就能透過 Excel 內建的功能，輕輕鬆鬆執行資料的篩選、排序…等工作。

11-1 建立 / 編修表格—簡易資料庫

Excel 針對大量資料的處理，是以「資料庫」的觀念執行，不論是排序、篩選或計算，都非常容易而迅速，不過 Excel 將它稱為「表格」。在 Excel 試算表中，對於「表格」並沒有特別的定義，僅是很鬆散的加以規範，所以一般使用者很容易上手，並用來處理相關工作。

11-1-1 Excel 表格的重要概念

工作表 中如果有一塊儲存格範圍，相鄰此範圍之上、下、左、右的儲存格，皆為「空白儲存格」，則此資料範圍就可以被建立為「表格」。如果「表格」中的第一列具有「欄標題」的特性，而且其內容皆有關聯（例如：客戶名稱、電話、地址…等），即可將其視為「資料表」－簡易資料庫。

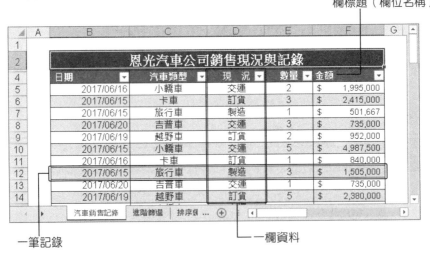

欄標題（欄位名稱）

一筆記錄　　　　　　　　　　　　　　　一欄資料

如果您擁有舊版的 Excel 所建立的資料表或資料庫，在 Excel 2016 仍然能夠辨識，毋須擔心其適用性。但是請您先了解下列幾點說明：

- Excel 處理資料的功能，不再限於 Access 料庫，對任何格式的資料庫都可以執行。所以，不須特別定義其儲存格範圍，它會自動定義其「表格」範圍。

- 可以在單一工作表中，使用一個以上的「表格」，但如果要將表格視為「資料表」使用，建議最好還是在不同工作表中分別建立。

- Excel 在執行「表格」處理時，並不特別要求在每一欄設定單獨的標題，但是建議最好仍然維持「欄標題」名稱具有唯一性。

　　各行各業中已經存在由許多不同的應用程式所建立的「資料庫」，您可以經由檔案轉換取得這些資料庫內容加以運用。但有時還是必須自己動手建立一個「表格」（資料庫），以便處理相關事務。

　　如何在 Excel 建立一張「表格」呢？其實與在儲存格中輸入資料的操作完全一樣，但是為了能持續地使用「表格」，建立時請您注意下列幾項特點：

- 在表格範圍中，針對每一欄的頂端儲存格，各賦予欄位名稱。

- 「表格」中同一欄的各個儲存格內容，其性質應皆相同，例如：姓名欄中，不應放置電話號碼。

- 空白欄、列盡可能不要出現在「表格」中。

- 理想狀況是每一頁工作表僅設定一個「表格」。

- 如果未定義「表格」名稱，但在「表格」範圍的四周都是空白儲存格時，那麼，當您選定此範圍中的任意儲存格時，Excel 都會自動辨識並定義此範圍。

- 如果您預定日後要執行篩選動作，請不要隨意將不相關的資料放在與「表格」有關的左右二側儲存格範圍。

- 為了能於日後增加新的資料，請在 **表格** 最後一列預留空白儲存格，並盡可能不再放置任何其他資料。

- 為了區別 **欄標題** 與 **資料**，請以儲存格框線處理，而不是加入空白列。

- 在儲存格內輸入資料時，不要在前面或後面輸入空格；否則，這些多餘的空格，會影響排序與搜尋。

11-1-2 建立表格（簡易資料庫）

　　事實上要在 Excel 中建立表格，就像在儲存格中輸入資料一樣的簡單。現在，我們就依據前一小節說明的各項特點，建立一份資料庫表格。

STEP**1** 請於 B4:F4 儲存格範圍，逐一輸入欄位名稱，例如：日期、汽車類別、現況、數量、金額。

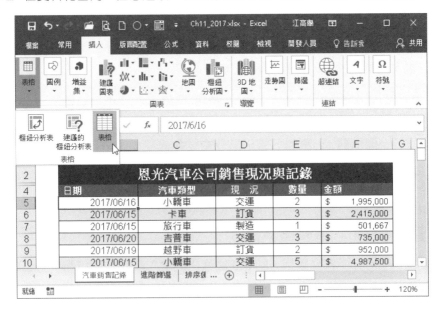

STEP**2** 於 B5:F5 儲存格範圍開始，輸入所有記錄的各項資料。

STEP**3** 在資料範圍內，任意選取一個儲存格；執行 **插入 > 表格 > 表格** 指令。

STEP**4** 出現 **建立表格** 對話方塊，確認表格範圍是否正確，按【確定】鈕，完成表格，未來有關表格的工作就可以在此範圍內處理了。

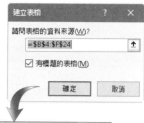

——顯示「篩選控制項」

	A	B	C	D	E	F	G
4		日期 ▼	汽車類型 ▼	現 況 ▼	數量 ▼	金額 ▼	
5		2017/06/16	小轎車	交運	2	$ 1,995,000	
6		2017/06/15	卡車	訂貨	3	$ 2,415,000	
7		2017/06/15	旅行車	製造	1	$ 501,667	
8		2017/06/20	吉普車	交運	3	$ 735,000	
9		2017/06/19	越野車	訂貨	2	$ 952,000	
10		2017/06/16	小轎車	交運	5	$ 4,987,500	
11		2017/06/16	卡車	訂貨	1	$ 840,000	
12		2017/06/15	旅行車	製造	3	$ 1,505,000	

汽車銷售記錄　進階篩選　排序統 … ⊕

資料範圍內已定義為「表格」—資料表

說明

● 若於 A1 儲存格做為表格的起始位置，則 Excel 會自動將最上方的列，與最左邊的欄，視為空白儲存格。

● 電腦會將所選取的範圍定義為表格，並自動設定為「篩選」狀態。

● 如果要將表格轉換為一般工作表的範圍，請將儲存格游標，移到表格範圍內的任一位置，執行 **資料表工具 > 設計 > 工具 > 轉換為範圍** 指令。

11-1-3 套用表格樣式

「表格」建立之後，可以套用 Excel 預設的 **表格樣式**，它能自動將表格範圍中每一筆資料以交替的色彩顯示，使其易於閱讀；甚至可以視需要將標題、首列（欄）、末列（欄）、加總列（欄），以特別格式呈現，但是不會破壞整個「表格」（資料庫）的結構。

STEP**1** 將儲存格游標移到表格範圍內的任一位置，例如：C6 儲存格。

STEP**2** 在 **資料表工具 > 設計 > 表格樣式** 功能區群組中，選擇想要套用的樣式。

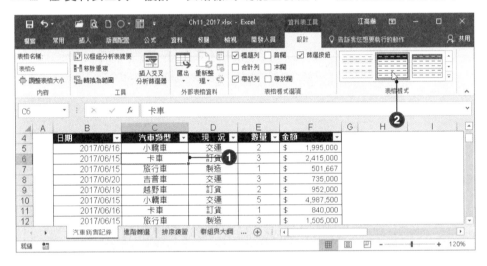

11-1-4 新增表格樣式

如果希望擁有自己專用的表格樣式，可以透過 **新增表格樣式** 指令來處理。

STEP**1** 點選 **資料表工具 > 設計 > 表格樣式** 指令旁邊 **其他** ⬇ 鈕，執行清單中的 **新增表格樣式** 指令。

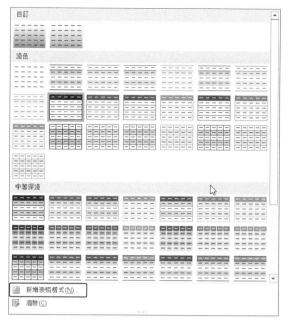

STEP**2** 出現 **新增表格快速樣式** 對話方塊，先輸入表格樣式的 **名稱**，選擇 **表格項目**，按【格式】鈕。

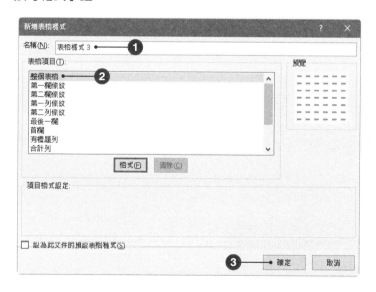

STEP**3** 開啟 **儲存格格式** 對話方塊，進行格式設定，按【確定】鈕；回到 **新增表格快速樣式** 對話方塊，按【確定】鈕，完成新增樣式。

STEP**4** 在 **表格樣式** 功能區群組 **樣式** 指令清單 的 **自訂** 區段中點選即能套用自訂的表格樣式。

已套用自訂的漸層填滿表格樣式

11-2 資料篩選

篩選 的實質意義，是將合乎使用者要求的資料，集中顯示在工作表上，不合乎要求的資料隱藏於幕後。Excel 提供自動篩選與進階篩選二種方法，讓使用者視需要選用。

11-2-1 自動篩選

自動篩選 能夠迅速地處理大型「表格」，經過篩選後的資料，分別隱藏於幕後或顯示於工作表上。Excel 針對不合條件的資料，在隱藏時是整列隱藏，因此表格旁邊的資料也都會被隱藏，所以非必要，請勿將其他資料放置於表格二側。

使用 **篩選** 指令時，可以使用二種方法執行這個工作：一為先點選欄位旁的 **篩選控制項** ▾，然後於清單中直接勾選篩選條件，在表格中找尋符合條件的資料；另一為點選清單中的 **自訂篩選** 指令，在對話方塊中設定篩選條件。

範例 預設條件篩選與清除篩選

STEP**1** 先點選表格中的任一儲存格，例如：E8，再執行 **資料 > 排序與篩選 > 篩選** 指令。

表格中每一欄位名稱旁會顯示 **篩選控制項** ▾

STEP**2** 按一下欲篩選欄位（例如：汽車類型）旁邊的 **篩選控制項** ▾，在清單中勾選篩選的條件，例如：☑小轎車、☑卡車，按【確定】鈕。

列號已經不連續,代
表有些資料被隱藏了

顯示篩選後的結果

STEP**3** 檢視完篩選資料後,如欲恢復表格原來狀態,請點選 **篩選條件控制項** ,

執行清單中的 **清除 "OOO" 的篩選** 指令,例如:**清除 " 汽車類型 " 的篩選**。

STEP**4** 如果要清除所有的篩選條件，請執行 **資料 > 排序與篩選 > 清除** 指令。

說明

當您點選 篩選控制項 ⊡ 時，Excel 會依據此欄位的資料，自動判斷其資料類別，所顯示的清單指令也會自動調整。

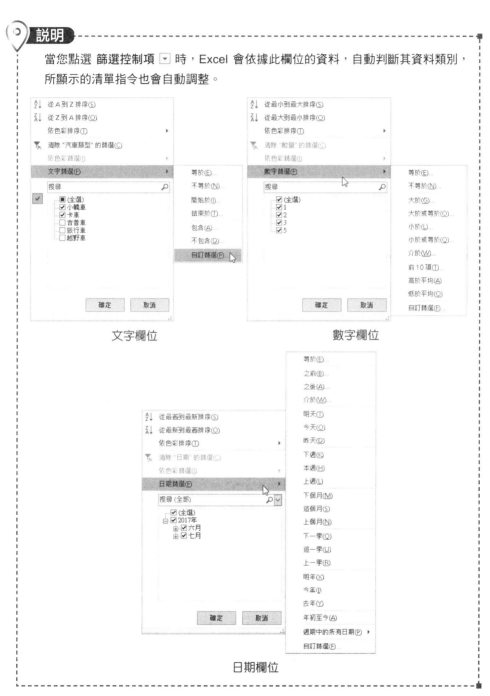

文字欄位   數字欄位

日期欄位

如果按 **篩選控制項** ⊡ 時，在指令清單中選擇 **前 10 項** 指令，即會出現 **自動篩選前 10 項** 對話方塊，可供選擇最前或最後的 N 筆記錄。

範例　篩選最前面的 5 筆資料

STEP**1** 按一下欲篩選欄位（例如：金額）旁邊的 **篩選控制項** ⊡，執行清單中的 **數字篩選 > 前 10 項** 指令。

STEP**2** 開啟 **自動篩選前 10 項** 對話方塊，選擇要顯示 **最前** 或 **最後** 的資料，輸入要顯示的筆數，例如：5；選擇條件，可選擇 **項** 或 **百分比**，完成設定之後，按【確定】鈕。

日期	汽車類型	現 況	數量	金額
2017/06/15	卡車	訂貨	3	$ 2,415,000
2017/06/15	小轎車	交運	5	$ 4,987,500
2017/06/19	越野車	訂貨	5	$ 2,380,000
2017/07/19	越野車	訂貨	5	$ 2,380,000
2017/07/20	吉普車	交運	5	$ 3,675,000

顯示 5 筆最前面的資料

如果按 **篩選控制項** ⏷ 時，在指令清單中選擇 **自訂篩選** 指令，則會出現 **自訂自動篩選** 對話方塊，主要目的是補足設定條件。其左邊為 **比較運算子**，右邊為 **各欄位的準則條件**。

範例 篩選「金額」大於或等於 950000，且 小於 2000000 的項目

STEP**1** 按一下欲篩選欄位（例如：金額）旁邊的 **篩選控制項** ⏷，執行清單中的 **數字篩選 > 自訂篩選** 指令。

STEP**2** 開啟 **自訂自動篩選** 對話方塊，在 **金額** 第一列準則條件的左邊輸入 **大於或等於**，在右邊輸入 **950000**，點選 ⊙ **且** 選項。

STEP**3** 在 **金額** 第二列準則條件的的左邊選擇 **小於**，右邊輸入 **2000000**，設定完成後，請按【確定】鈕。

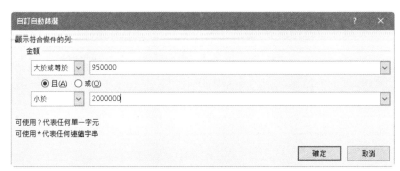

11-2-2 進階篩選

在進行查詢與篩選動作以前,除了應該知道 **自動篩選** 外,在 Excel 還可以執行 **進階篩選**。如要執行進階篩選,必須先學習如何 **定義準則**,以備後續工作使用。

定義準則

Excel 將準則區分為二大類,分別為:**比較式準則** 與 **計算式準則**。它們各有使用時機,使用者必須熟知相關的定義。

🔹 **比較式準則**:依循準則範例尋找的一組查詢條件,它可能是一串與您需求相符的字元或一個表示式。

🔹 **計算式準則**:以公式計算結果當成設定的查詢條件。例如:「= 薪資 *1.3」。

建立準則範圍

瞭解準則的意義後,緊接著就是建立 **準則範圍**。**準則範圍** 是指一個儲存格範圍,其中包含一組搜尋條件,可配合 **篩選** 指令與 **資料庫函數** 使用。準則範圍最少要包含二列高度與一欄寬度的範圍,其中第一列為準則標記也就是欄位名稱(它必須與表格欄位名稱相同),第二列則為篩選條件。設定準則時,可使用下列幾種類型。

🔹 若要對於不同的欄位指定多重準則(**且** 條件),請在準則範圍中輸入所有的欄標記至同一列上。如下例:

產品名稱	製造地	銷售數量	通路
星際寶貝	台灣		零售商

🔹 若要對相同的欄指定一個以上的準則(**且** 條件),或某一數值範圍,請加入多個同一欄的標記。如下例:

產品名稱	製造地	銷售數量	銷售數量	通路
星際寶貝	台灣	>1200	<3000	零售商

若要對一串不同的欄指定不同準則（**或** 條件），請把準則輸入在不同的列上。如下例：表示要篩選出產品名稱為星際寶貝，通路為零售商，或銷售數量大於 3000（或小於 1200）的記錄。

產品名稱	製造地	銷售數量	通路
星際寶貝	台灣	>3000	零售商
		<1200	

　　針對某些準則，如果須要透過計算才能取得的篩選條件，則必須在準則範圍的對應儲存格中輸入公式，其相關規則說明如下。

- 公式必須產生邏輯值 TRUE 或 FALSE。當篩選資料時，只顯示包含 TRUE 數值的各列。

- 公式必須至少要參照到表格中的某一欄。對於在欄中第一列上的儲存格，請輸入相對的儲存格參照位址，或輸入欄標記。

範例　建立進階篩選的準則範圍

STEP**1**　在工作表中，選定一個儲存格範圍，將準則所要使用的欄位逐一輸入，例如：H5:K5。

STEP**2**　在第二列輸入相關篩選條件（建議可透過 **複製** 與 **貼上** 的方法操作），例如：H6:K6。

　　使用 **進階篩選** 指令之前，請記得先建立準則範圍。**進階篩選** 可以提供執行較複雜的準則查詢作業，與複製篩選資料作業。

範例 執行進階篩選

STEP 1 在工作表中，選定一個範圍將準則所要使用的欄位逐一輸入，例如：H5:K5；在第二列輸入相關篩選條件，例如：H6:K6，完成準則範圍的建立工作。

STEP 2 點選欲執行篩選之表格內的任一儲存格，執行 **資料 > 排序與篩選 > 進階** 指令。

STEP 3 資料所在的儲存格範圍四周會呈現「流動的虛」，同時會出現 **進階篩選** 對話方塊，點選 ⊙ **在原有範圍顯示篩選結果** 選項；確認 **資料範圍** 與 **準則範圍** 之儲存格參照位址是否正確；勾選 ☑ **不選重複的記錄** 核取方塊，按【確定】鈕。

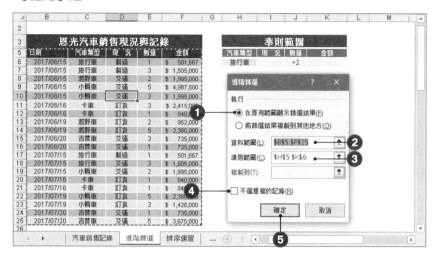

Excel 會將不符合準則的記錄隱藏

11-2-3 複製篩選資料

如果要將篩選結果，複製到工作表的其他區域，在使用進階篩選之前，必須先建立一個存放篩選結果的儲存格範圍，建立範圍的基本要求如下：

- 篩選結果範圍，最少包含一列高與一欄寬，用以設定篩選結果的欄位名稱。
- 篩選結果範圍的欄位名稱，必須與原有表格欄位名稱一模一樣。
- 放置篩選結果的儲存格範圍中，需留有足夠的空白列。強烈建議，最好全部都預留為空白儲存格。

範例　複製篩選出來的資料

STEP**1** 在工作表中，選定一個範圍將準則所要使用的欄位逐一輸入，例如：H5:K5，在第二列輸入相關篩選條件，例如：H6:K6，完成準則範圍的建立工作。

STEP**2** 在工作表中，選定一個範圍做為複製資料的地方，並將所要使用的欄位逐一輸入，例如：H12:K12。

STEP**3** 點選想要執行篩選之表格內的任意儲存格，執行 **資料 > 排序與篩選 > 進階** 指令。

STEP**4** 資料所在的儲存格範圍四周會呈現「流動的虛線框」，同時會出現 **進階篩選** 對話方塊，點選 ⊙ **將篩選結果複製到其他地方** 選項；確認 **資料範圍、準則範圍** 與 **複製到** 之儲存格參照位址是否正確；勾選 ☑ **不選重複的記錄** 核取方塊，按【確定】鈕。

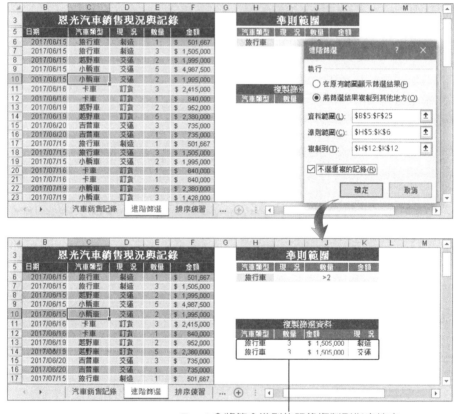

Excel 會將符合準則的記錄複製到指定地方

接下來，我們再使用一個範例，說明同一欄指定多個條件的進階查詢。依循前面範例說明，如果所要查詢數量是介於 2 與 5 之間的資料，操作方法如下。

範例 篩選數量是介於 2 與 5 之間的資料

STEP**1** 在工作表中選定一個範圍，將準則所要使用的欄位逐一輸入，例如 H5:L5，在第二列輸入相關篩選條件，例如 H6:L6，完成準則範圍的建立工作。

STEP**2** 點選想要執行篩選之表格內的任意儲存格，執行 **資料 > 排序與篩選 > 進階**
指令。

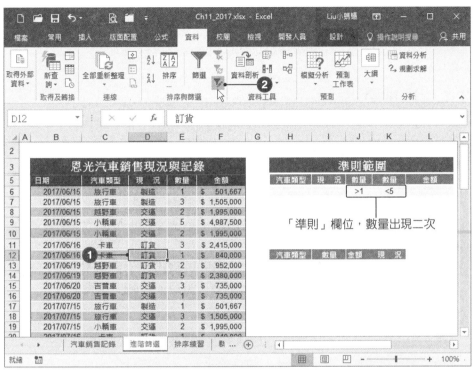

STEP**3** 資料所在的儲存格範圍四周會呈現「流動的虛線
框」，同時會出現 **進階篩選** 對話方塊，點選 ⊙ **在
原有範圍顯示篩選結果** 選項；確認 **資料範圍** 與
準則範圍 之儲存格參照位址是否正確；勾選 ☑**不
選重複的記錄** 核取方塊，按【確定】鈕。

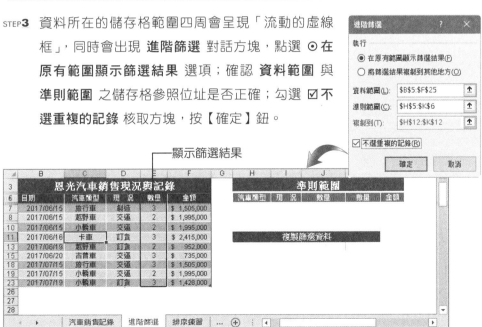

11-3 資料排序

一般建立表格內容時，不會刻意依據某一特定的順序輸入資料。因此，如要查詢資料之間發生的先後，會增加不少麻煩，為了解決此種問題，可以將表格內容加以整理，排序 則是處理這類事情最有效的方法。

11-3-1 一般排序

執行 **排序** 指令之前，建議先將工作表 **另存新檔**，以防止原始表格經排序後毀損！如此，萬一在排序後資料無法復原時，還可重新獲得原始資料。

Excel 在 **資料 > 排序與篩選** 功能區中預備了 **最低至最高** 及 **最高至最低** 指令供您使用，其方法較簡單，但它只能決定單一因素的遞增或遞減排序。以11-2 節所建立的表格為例，如要以 **數量** 決定其排序，即可使用上述二個指令處理。

範例 **遞增或遞減排序**

STEP**1** 選取 **數量** 欄位的資料，執行 **資料 > 排序與篩選 > 低至最高** 指令。

STEP**2** 出現 **排序警告** 對話方塊，點選 ⊙ **將選取範圍擴大** 選項，按【排序】鈕。

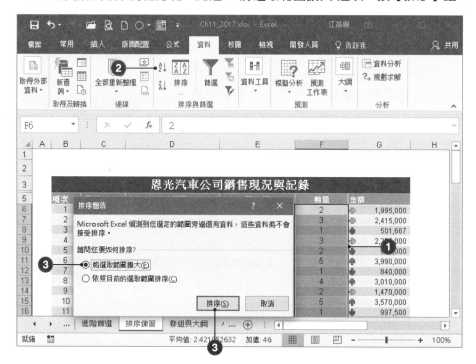

11-20

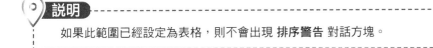

「數量」已由小到大排列

> **說明**
>
> 如果此範圍已經設定為表格,則不會出現 **排序警告** 對話方塊。

範例 加上排序條件

STEP**1** 選取資料範圍中的任意儲存格,執行 **插入 > 表格 > 表格** 指令。

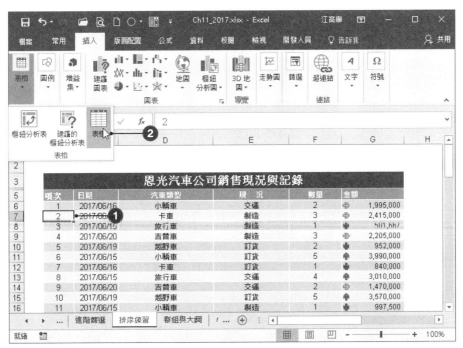

STEP**2** 出現 **建立表格** 對話方塊，如果資料來源的儲存
　　　格範圍已確認沒有問題，按【確定】鈕。

STEP**3** 執行 **資料 > 排序與篩選 > 排序** 指令。

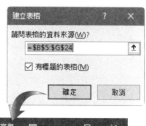

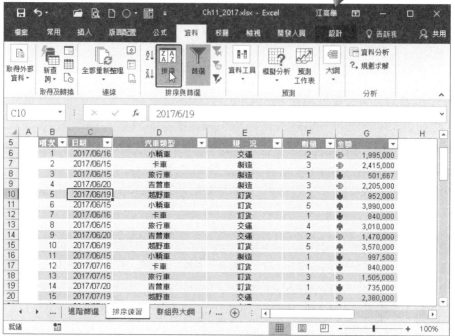

STEP**4** 出現 **排序** 對話方塊，在 **排序方式** 清單中，選擇要做為排序依據的欄位，
　　　例如：汽車類型；在 **排序對象** 清單中，選擇 **值** 項目；在 **順序** 清單中，
　　　選擇 A 到 Z 項目；按【新增層級】鈕，設定次要層級的排序條件。

STEP**5** 顯示 **次要排序方式** 的條件，視需求完設定，按【確定】鈕。

依汽車類型排序   依金額圖示排序

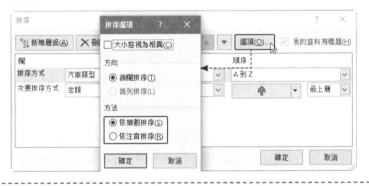

說明

在 排序 對話方塊中，按【選項】鈕，可以設定 依筆劃排序 或 依注音排序 來執行中文的排序。

11-3-2 特別排序

針對不同的國情或不同的公司文化，可能需要有自訂的排序方式，Excel 允許您用自己定義的序列排序，例如：以產品製造地名稱為排序數列。

範例   **以產品與製造地名稱執行排序**

STEP**1**   選取資料範圍中的任意儲存格，執行 **資料 > 排序與篩選 > 排序** 指令。

STEP**2**   出現 **排序** 對話方塊，在 **排序方式** 清單中的欄位，選擇要做為排序依據的欄位，例如：汽車類型；在 **排序對象** 清單中，選擇 **值** 項目；在 **順序** 清單中，選擇 **自訂清單** 項目。

接下頁 ➡

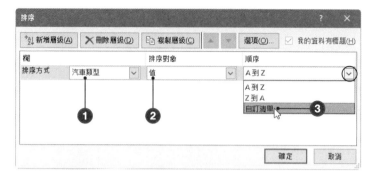

STEP**3** 出現 **自訂清單** 對話方塊，點選 **休旅車、吉普車、越野車**…項目，按【確定】鈕。

STEP**4** 回到 **排序** 對話方塊，視需要可以再設定 次要排序方式，完成設定之後按【確定】鈕，完成排序工作。

▲	A	B	C	D	E	F	G	H	▲
5		項次 ▼	日期 ▼	汽車類型 ▼	現 況 ▼	數量 ▼	金額 ▼		
6		5	2017/06/19	越野車	訂貨	2	952,000		
7		19	2017/07/19	越野車	製造	1	952,000		
8		15	2017/07/19	越野車	交運	4	2,380,000		
9		10	2017/06/19	越野車	訂貨	5	3,570,000		
10		11	2017/06/15	小轎車	製造	1	997,500		
11		1	2017/06/16	小轎車	交運	2	1,995,000		
12		6	2017/06/16	小轎車	訂貨	5	3,990,000		
13		14	2017/07/20	吉普車	訂貨	1	735,000		
14		9	2017/06/20	吉普車	交運	2	1,470,000		
15		4	2017/06/20	吉普車	製造	3	2,205,000		
16		18	2017/07/20	吉普車	交運	5	3,675,000		
17		3	2017/06/15	旅行車	製造	1	501,667		
18		17	2017/07/15	旅行車	製造	1	501,667		
19		13	2017/07/15	旅行車	訂貨	3	1,505,000		
20		8	2017/06/15	旅行車	交運	4	3,010,000		
21		7	2017/06/16	卡車	訂貨	1	840,000		
22		12	2017/07/16	卡車	訂貨	1	840,000		
23		16	2017/07/16	卡車	交運	1	840,000		
24		2	2017/06/15	卡車	製造	3	2,415,000		
25									▼

◀ ▶ … 進階篩選 排序練習 群組與大綱 ⁞ … ⊕ ⁞ ◀ ▶

排序結果

說明 --

在執行步驟 3 之前，必須先自訂文字序列。

11-3-3 色階、圖示集與資料橫條

依據色彩排序及篩選資料，不但是簡化資料分析的絕佳方法，還能讓使用者迅速看到資料的重點與趨勢。

色階的格式化

色階 是一種視覺輔助的功能，在資料表格中透過色彩的色度高、中、低值，讓使用者瞭解資料的分配與變化。

範例 資料加上色階

STEP**1** 選擇要格式化的儲存格範圍。

STEP**2** 執行 **常用 > 樣式 > 設定格式化條件 > 資料橫條 > 漸層填滿 > 紅色資料橫條** 指令。

接下頁 ➡

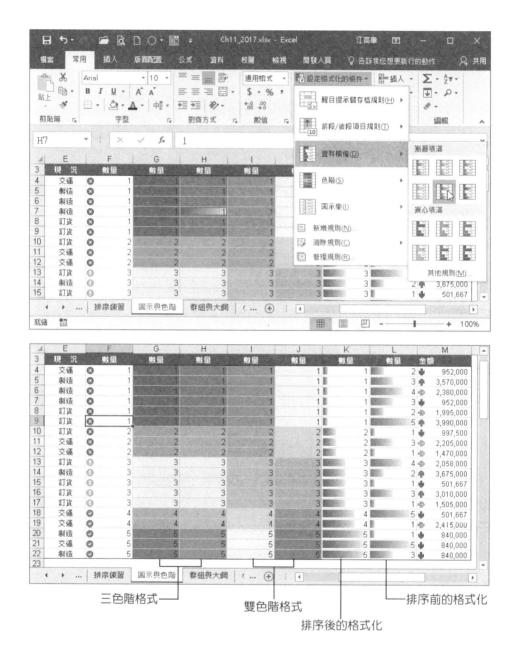

三色階格式　　　　雙色階格式　　　　排序前的格式化

排序後的格式化

圖示的格式化

您可以使用圖示集將資料加上附註，每一圖示代表一個數值範圍，如此，即能明顯的表達資料分類狀況，依自己需求，將資料分隔為 3-5 類。

範例　資料加上圖示

STEP**1**　選擇要格式化的儲存格範圍，例如 F4：F22。

STEP**2** 點選 **常用 > 樣式 > 設定格式條件 > 圖示集 > 五箭號** 指令。

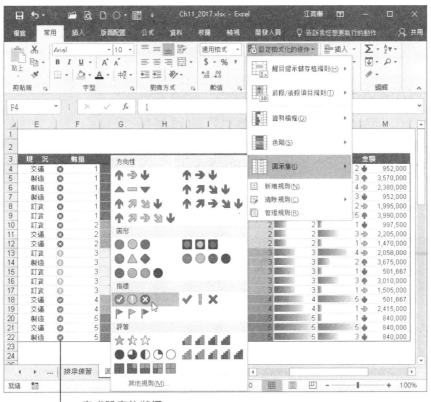

└─ 完成設定的狀況

STEP**3** 點選 **常用 > 樣式 > 設定格式條件 > 圖示 集 > 其他規則** 指令。

STEP**4** 出現 **新增格式化規則** 對話方塊，**規則類型** 選擇 **根據其值格式化 所有儲存格**；**格式樣 式** 選擇 **圖示集**；選 擇喜歡的 **圖示樣式**， 參考右圖，分別輸入 圖示對應值的範圍， 按【確定】鈕。

11-4 工作表之群組及大綱

　　針對一份長文件的資料內容，使用 **群組及大綱** 功能，能夠讓您將工作表資料摺疊或展開，以便有條理地顯示資料內容，讓使用者輕鬆閱讀與比較資料。

11-4-1 認識大綱

　　建立工作表資料時，如果能夠稍微留意各資料的安排，則日後建立大綱時將有所助益。Excel 能夠建立 8 層大綱，您可以依不同資料內容，建立一層或數層大綱。建立大綱的過程中，不論是摺疊或展開動作，都是針對整欄或整列執行，因此，同一欄、列中的任何資料皆會受到影響。建立大綱後，螢幕顯示的情況如下圖所示。

ⓐ **欄列階層鈕**：顯示大綱階層數

ⓑ **展開鈕**：點選後會顯示此階層的詳細資料（包含欄或列）

ⓒ **摺疊鈕**：點取此鈕會隱藏此階層的詳細資料（包含欄或列）

11-4-2 建立大綱

Excel 可以自動建立大綱，也可以手動建立大綱。主要的差別是：資料內容的安排，是否能夠與大綱結構配合。自動建立大綱方便迅速，手動建立大綱則較具彈性。

Excel 在自動建立大綱的時候，一般是以 **總計（小計）** 相對應於 **欄** 或 **列** 作為判斷依據。

範例 自動建立大綱

STEP**1** 如果不是要針對整個工作表建立大綱時，請先選取要建立大綱的儲存格範圍，再執行 **資料 > 大綱 > 組成群組 > 自動建立大綱** 指令，即會建立大綱。

└── 自動建立的大綱

如果您選取的儲存格範圍或工作表，其資料內容與大綱結構無法配合，則會顯示警告訊息，告訴您無法自動建立大綱。

如果您點選 **資料 > 大綱** 功能區群組中的 **對話方塊啟動器** 鈕，則會顯示 **設定** 對話方塊，其各項目的意義說明如下：

- **彙總列置於詳細資料的下方**：大綱中 **合計列** 數值後所放的位置，在明細資料的下方。

- **彙總欄置於詳細資料的右方**：大綱中 **合計欄** 數值後所放的位置，在明細資料的右方。

- **自動設定樣式**：將內建儲存格樣式應用到大綱的合計列和欄上，樣式會應用到全部的列和欄上。

● 【建立】鈕：依據工作表上的公式，自動指定大綱的層級。若勾選 ☑ **自動設定樣式** 核取方塊，Excel 將會應用內建的儲存格樣式。

● 【套用樣式】鈕：將列和欄的層級式應用到大綱選定部分。

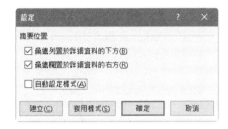

範例 **手動建立大綱**

STEP**1** 選取欲建立大綱的整列或整欄範圍，但不含總計欄列。

STEP**2** 執行 **資料 > 大綱 > 組成群組 > 組成群組** 指令，即可完成建立大綱的工作。

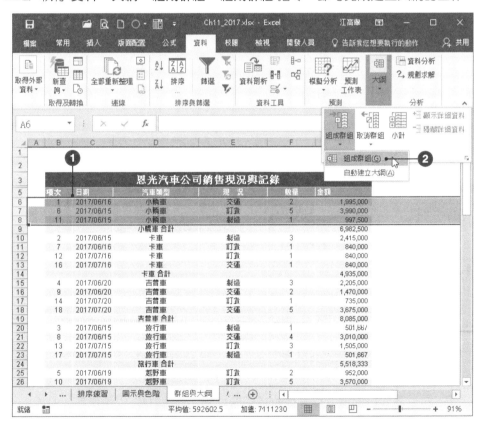

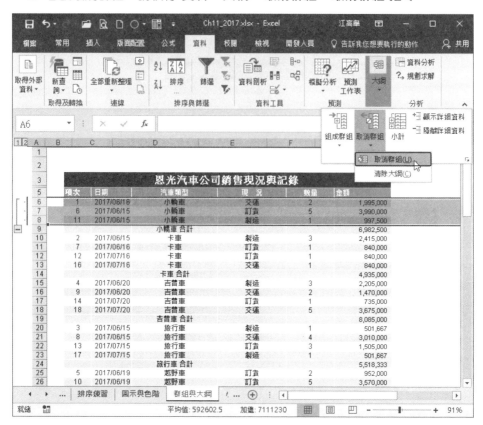

説明

　　如要刪除所有大綱，請執行 **資料 > 大綱 > 取消群組 > 清除大綱** 指令。

11-4-3 分組小計

　　Excel 除了可以建立「表格」進行資料篩選與排序之外，其實它還具備強大的計算與分析的能力，例如：**分組小計**。請特別留意！如果所選取的資料範圍已經被設定為「表格」，無法使用小計功能。

　　分組小計 可以在選取的資料範圍中，計算小計與總計數值，不需要使用者輸入公式，而且還會自動插入標籤於新增的顯示列，並建立成 **大綱模式**。但是在進行 **小計** 作業之前，必須先針對對應的欄位執行 **排序**，如此 **小計** 數值才是正確有用的資料。

範例 以「汽車類型」為小計欄位

STEP**1** 選取資料範圍中的任意儲存格，執行 **資料 > 大綱 > 小計** 指令。

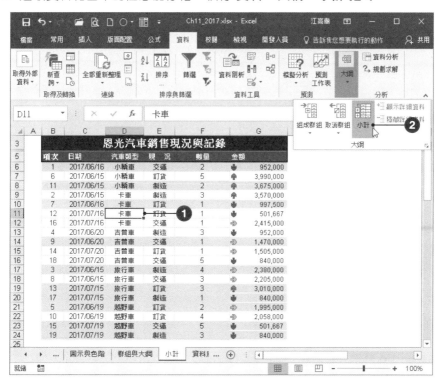

STEP**2** 出現 **小計** 對話方塊，**分組小計欄位** 選擇 **汽車類型**、**使用函數** 設定為 **加總**；新增小計位置，請勾選 ☑**金額** 核取方塊；再勾選 ☑**摘要置於小計資料下方** 核取方塊，按【確定】鈕。

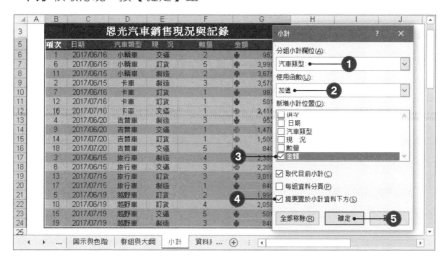

			恩光汽車銷售現況與記錄			
項次	日期	汽車類型	現 況	數量	金額	
1	2017/06/16	小轎車	交運	2	952,000	
6	2017/06/15	小轎車	訂貨	5	3,990,000	
11	2017/06/15	小轎車	製造	2	3,675,000	
		小轎車 合計			8,617,000	
2	2017/06/15	卡車	製造	3	3,570,000	
7	2017/06/16	卡車	訂貨	1	997,500	
12	2017/07/16	卡車	訂貨	1	501,667	
16	2017/07/16	卡車	交運	1	2,415,000	
		卡車 合計			7,484,167	
4	2017/06/20	吉普車	製造	3	952,000	
9	2017/06/20	吉普車	交運	1	1,470,000	
14	2017/07/20	吉普車	訂貨	1	1,505,000	
18	2017/07/20	吉普車	交運	5	840,000	
		吉普車 合計			4,767,000	
3	2017/06/15	旅行車	製造	4	2,380,000	
8	2017/06/15	旅行車	交運	3	2,205,000	
13	2017/07/15	旅行車	訂貨	3	3,010,000	
17	2017/07/15	旅行車	製造	1	840,000	
		旅行車 合計			8,435,000	
5	2017/06/19	越野車	訂貨	2	1,995,000	
10	2017/06/19	越野車	訂貨	4	2,058,000	
15	2017/07/19	越野車	交運	5	501,667	
19	2017/07/19	越野車	製造	3	840,000	
		越野車 合計			5,394,667	
		總計			34,697,833	

顯示大綱符號

顯示各小計欄位

顯示全部加總

說明

若要將 工作表 恢復成原狀，只要再執行 資料 > 大綱 > 小計 指令，於 小計 對話方塊中，按【全部移除】鈕，即可將小計資料完全移除。

11-5 表格的計算功能

閱讀前面各小節內容之後，對於 Excel 表格的操作，應該已具備基本的認識，我們可以歸納出下列幾項管理表格資料的功能：

- **排序和篩選**：Excel 會將 **篩選控制項** ⊡ 自動加入到表格的標題列中，可以篩選表格中的資料、僅顯示符合所指定準則的資料，或是依據色彩篩選；排序表格時，可以使用遞增、遞減、色彩或自訂排序順序。

- **格式化表格資料**：可以選擇 **快速樣式** 選項，顯示可能具有 **標題列** 或 **合計列** 的表格，套用 **帶狀列** 或 **帶狀欄**，好讓表格更容易閱讀；或是區分表格的第一欄或最後一欄與其他欄的差別；另外也可以套用系統預先定義的表格樣式或自己訂製的表格樣式，迅速地格式化表格資料。

- **顯示與計算表格資料的合計值**：可以在表格最下方列顯示 **合計列**，然後使用每個 **合計列** 儲存格的下拉式清單所提供的函數，迅速地合計表格資料。

- **使用計算結果欄**：我們可以利用 **計算結果欄** 建立單一公式，計算結果將隨著表格中的每列變化自動調整。**計算結果欄** 會自動擴充以包含其他的列，如此公式便會立即延伸到其中。

- **確認資料完整性**：可以使用 **資料驗證** 功能防止無效資料的輸入，例如：選擇只允許在表格的某一欄位中輸入某一個數值或日期的範圍。

11-5-1 合計 Excel 表格中的資料

如果我們想要快速合計 Excel 表格中的資料，可以在表格結尾處顯示 **合計列**，然後點選 **合計列** 儲存格下拉式清單中的函數進行計算工作。

範例 使用合計列功能

STEP**1** 點選表格範圍內的任一儲存格，在 **資料表工具 > 設計 > 表格樣式選項** 功能群組中，勾選 ☑ **合計列** 核取方塊。

STEP**2** **合計列** 會顯示在表格的最後一列，並在最左側的儲存格中顯示 **合計** 字樣。

STEP**3** 在 **合計列** 中，於所要計算合計之欄內的儲存格，點選下拉式清單箭號，選擇要計算合計的函數，例如：**加總**。

接下頁 ➡

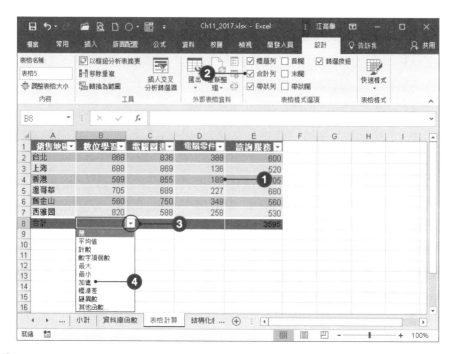

説明

● 合計列 中可以使用的公式不只限於清單中的函數,您可以在 合計列 的任
一儲存格中輸入任意的公式。

● 如果所輸入的公式,與原先 合計列 的公式不相同,則詢問您是否覆蓋。

● 如果沒有 合計列,而在表格正下方的列輸入公式,合計列 即會跟著公式
一起顯示。您也可以選擇要將此資料放在表格內或表格外。

在 Excel 表格中的計算結果欄，只需要輸入一次公式，不必使用 **填滿** 或 **複製** 指令，就可以快速地讓公式立即延伸至同一欄的其他列，完成計算。如果有需要，還是可以在計算結果欄中輸入其他公式當做例外，但如有任何不一致，Excel 會顯示訊息，讓您進行編輯計算結果欄，更新欄中的公式。

範例　建立與編輯計算結果欄

STEP**1**　選取表格中想要在其右側插入空白表格欄的儲存格，例如：E2。

STEP**2**　執行 **常用 > 儲存格 > 插入 > 插入右方表格欄** 指令，即會新增一個空白欄。

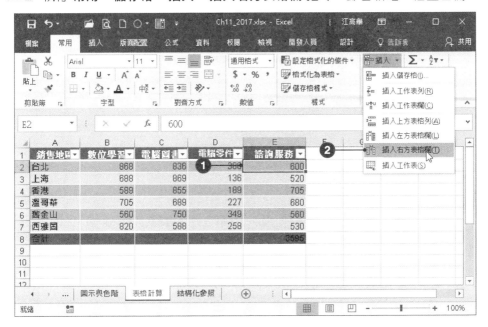

説明

　您也可以在表格欄的儲存格中，按一下滑鼠右鍵，執行清單中的 **插入 > 右側表格欄** 指令。

STEP**3**　在要轉換成計算結果欄的空白表格欄中，點選任一儲存格，例如：F5，輸入下列公式，按 Enter 鍵，輸入的公式即會自動填入該欄中的所有儲存格，包括作用中儲存格的上方及下方。

=(B5+C5+D5+E5)

接下頁 ➡

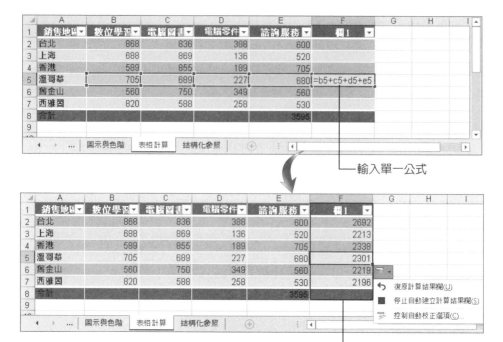

輸入單一公式

自動擴充到所有的儲存格

說明

● 將公式複製或填入空白表格欄的所有儲存格時,也會建立計算結果欄。

● 如果在已含有資料的表格欄中輸入或移動公式,則不會自動建立計算結果欄。然而,會出現 自動校正選項 智慧標籤,供您選擇複寫資料以便建立計算結果欄。

STEP**4** 如果要修改計算結果欄中的公式內容,請在此欄中選取任一儲存格,編輯該儲存格中的公式後,按 Enter 鍵,即會更新公式。

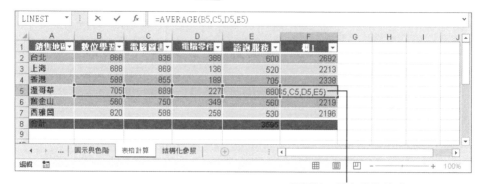

更新某一儲存格的公式

└─ 全部自動更新

STEP5 若要刪除計算結果欄，請選取該計算結果欄，執行 **常用 > 儲存格 > 刪除 > 刪除表格欄** 指令。

11-5-2 Excel 表格計算的結構化參照

由於表格資料範圍通常都會變更，因此在計算表格內的資料時，公式經常要隨著資料範圍的變更而修正，實在是一件很麻煩的事情。如果在表格的計算公式中使用 **結構化參照**，則當您在表格裡新增或刪除列、欄時，會將變更的範圍重新寫入公式中，如此可以減少修改公式的動作，並確保計算結果的正確性。以 **加總（SUM）**函數為例，將此二種寫法列示如下：

🔘 一般公式的寫法：

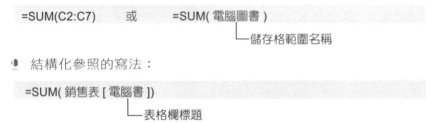

=SUM(C2:C7)　　　或　　　　=SUM(電腦圖書)
　　　　　　　　　　　　　　　　　└─ 儲存格範圍名稱

🔘 結構化參照的寫法：

=SUM(銷售表 [電腦書])
　　　　　　　└─ 表格欄標題

___範例___ 使用表格結構化參照

STEP**1** 開啟範例檔案，點選資料範圍內的任一個儲存格，執行 **插入 > 表格 > 表格** 指令。

STEP**2** 出現 **建立表格** 對話方塊，確認表格範圍是否正確，按【確定】鈕。

STEP**3** 在 **資料表工具 > 設計 > 內容** 功能區中，修改 **表格名稱** 為 銷售表。

STEP**4** 選取 G2 儲存格，在 **資料編輯列** 輸入下列公式。輸入過程中，請善用自動
完成輸入的功能。

=SUM(銷售表 [[# 總計],[電腦圖書]], 銷售表 [[# 資料],[電腦零件]])

加總值

STEP**6** 請試著在表格中增、刪一列資料，觀察 G2 儲存格的計算結果，是否隨著自
動更新。

公式不變

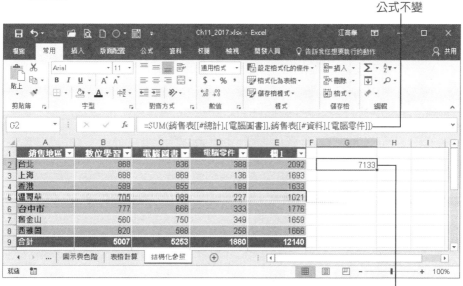

加總值已變更

延伸閱讀

- 如果表格或欄標題重新命名，Excel 會自動變更該表格及欄標題用於活頁簿之所有 **結構化參照** 中的公式。

- 下面的銷售表即是這小節內容所參照的表格範例，這個表格包含六個銷售地區中各項產品銷售的金額，其表格結構如下圖說明。

11-5-3 結構化參照的元件說明

如果要有效率地使用 **表格** 及 **結構化參照**，則需要瞭解如何在建立公式時使用 **結構化參照** 的語法。

這個範例是以上述表格內容為依據，將 **電腦圖書** 合計列的數值與 **電腦零件** 的各儲存格數值進行 **加總**，其結構化參照的元件說明如下：

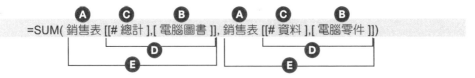

Ⓐ 表格名稱需為有意義的名稱，用此參照實際表格資料（不含標題列及合計列）。表格名稱（銷售表）會參照表格中的整個資料範圍 A2:E7，但不包括所有標題及合計列。

Ⓑ 欄識別符號是衍生自欄標題（以 **方括弧** 〔〕括住），並參照整個資料欄的內容（不含欄標題及合計）。欄識別符號（〔電腦圖書〕）是參照儲存格範圍 C2:C7；欄識別符號（〔電腦零件〕）則是參照儲存格範圍 D2:D7。

C 特殊項目識別符號是參照表格之特定部分的方式，例如：〔# 總計〕是參照到合計列。

D 表格識別符號是表格名稱後面，用 **方括弧** 括住之結構化參照的外部部分，例如：〔〔# 總計〕,〔 電腦圖書 〕〕。

E 結構化參照的開頭為表格名稱，而結尾為 **表格識別符號** 的整個字串。完整的寫法範例如下：銷售表〔〔# 總計〕,〔 電腦圖書 〕〕。

延伸閱讀

若要提高便利性，您還可以使用特殊項目來參照表格的各個部分（例如：只參照合計列），以簡化公式中這些部分的參照。我們以下述表格為例，說明在結構化參照中使用的特殊項目識別符號。

特殊項目識別符號	參考	儲存格範圍
銷售表 [# 全部]	整個表格（包含欄標題、資料及合計（如果有的話））	A1:E8
銷售表 [# 資料]	只有資料	A2:E7
銷售表 [# 標題]	只有標題列	A1:E1
銷售表 [# 總計]	只有合計列如果沒有，則會傳回 Null	A8:E8
銷售表 [# 這個列]	只有公式儲存格 (E2) 所在的那一列	
[# 這個列] 不能與其他任何特殊項目識別符號搭配使用	A2:D2	

Chapter 12

樞紐分析表及分析圖

12-1 建立樞紐分析表

12-2 編輯樞紐分析表

12-3 認識「樞紐分析表選項」對話方塊

12-4 樞紐分析表的排序、篩選與群組

12-5 交叉分析篩選器

12-6 使用樞紐分析圖

樞紐分析表 是從 **表格（資料表）** 的指定欄位，賦予特定的條件，再重新將表格（資料表）組織、整理，且對於數值的計算與分類，更是功效卓著。一般而言，它能夠處理下列工作：建立一個概括性表格、使用拖曳方式重新組織表格、執行排序與篩選功能、轉成樞紐分析圖。

12-1 建立樞紐分析表

由於 **樞紐分析表** 是一個經過重新組織的表格，且是具有第三維查詢應用的表格。它與原始表格（資料庫）之間是 **暖連結（Warm Linked）**，也就是說當原始 **表格（資料庫）** 的資料變更後，**樞紐分析表** 的內容不會自動更新，這個時候必須藉由 **樞紐分析表** 關聯式索引標籤中 **重新整理** 指令，執行其更新工作。

樞紐分析表 從外觀看來與一般 **工作表** 沒有二樣，但是它不能在儲存格中直接輸入資料或變更內容；且在其中的加總儲存格也是 **唯讀** 設定，不能任意更改其公式與內容。

雖然 Excel 2013 之後，已經很貼心的提供 **建議的樞紐分析表** 指令，但可能不見得符合我們的需求，所以建立 **樞紐分析表** 時還是得仔細規劃表格內容，以及明白此表格所要傳達的訊息；否則，所建立的 **樞紐分析表** 會變成另一張無用的表格。

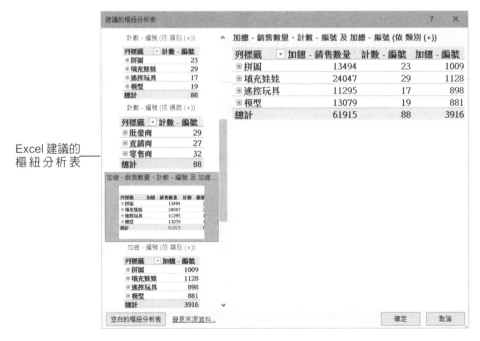

Excel 建議的
樞紐分析表

此範例是想從「玩具銷售記錄」資料表中得知：位於各個地區、各個通路每一產品的銷售數量。

範例 手動建立樞紐分析表

STEP**1** 開啟一份已經編輯完成的工作表，將儲存格游標移到表格中的任一位置，執行 **插入 > 表格 > 樞紐分析表 > 樞紐分析表** 指令。

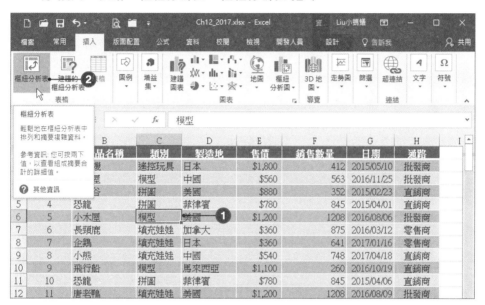

STEP**2** 出現 **建立樞紐分析表** 對話方塊，點選 ⊙ **選取表格或範圍** 選項，並確認選取範圍是否正確；點選 ⊙ **新工作表** 選項，按【確定】鈕。

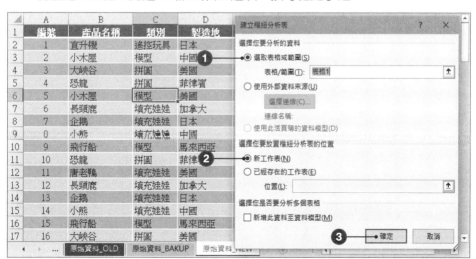

STEP**3** 回到 Excel 工作表中，畫面上會顯示 **樞紐分析表欄位** 工作窗格，及樞紐
分析表位置。

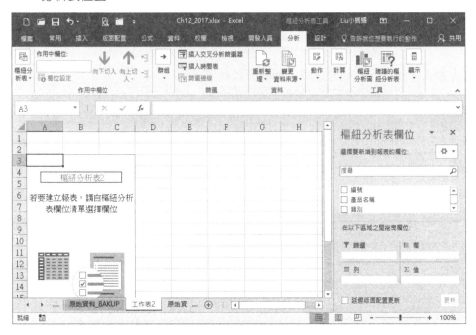

STEP**4** 在 **樞紐分析表欄位** 工作窗格中，將 **製造地** 欄位，拖曳到 **列** 的位置；將
類別 欄位，拖曳到 **欄** 的位置；將 **銷售數量** 欄位，拖曳到 **Σ 值** 的位置；
將 **通路** 欄位，拖曳到 **篩選** 的位置。

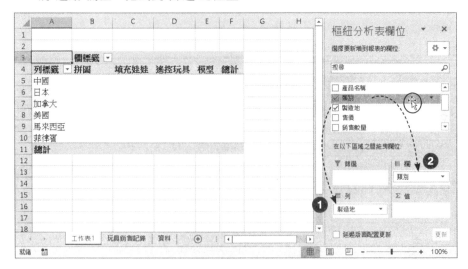

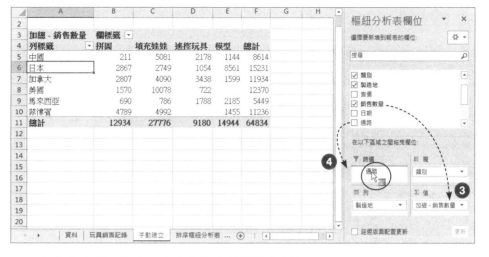

STEP **5** 即能在「新工作表」中建立指定的樞紐分析表。

已完成的樞紐分析表

（🔍）**說明**

在 Excel 中，當您選取要建立成 **樞紐分析表** 的儲存格範圍之後，按一下右下角的 **快速分析** 鈕，選擇 **表格** 標籤，再將滑鼠移到每一個 **樞紐分析表** 指令的上方，可以預覽結果，若滿意呈現方式，按下之後會立即執行；此外，也可以在「新工作表」中，快速建立 Excel 所建議的樞紐分析表。

12-2 編輯樞紐分析表

進行 **樞紐分析表** 的編輯作業，大多會透過 **樞紐分析表欄位** 工作窗格操作。視需要執行 **樞紐分析表工具 > 分析 > 顯示 > 欄位清單** 指令，可以顯示或隱藏 **樞紐分析表欄位** 工作窗格，預設為顯示。

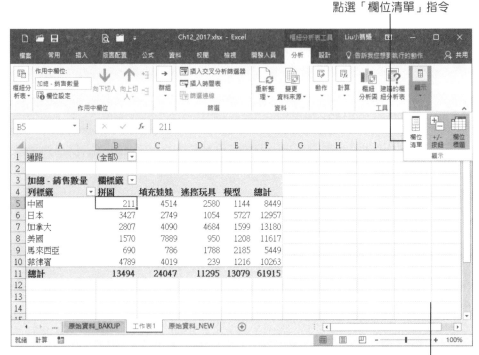

點選「欄位清單」指令

隱藏欄位清單

12-2-1 認識樞紐分析表欄位工作窗格

既然很多編輯 **樞紐分析表** 的操作要透過 **樞紐分析表欄位** 工作窗格完成，我們先來認識它。按下工作窗格右側的 **工具** ⚙▾ 鈕，可以改變工作窗格顯示方式，您可以視需要擇一使用，或維持預設狀態。

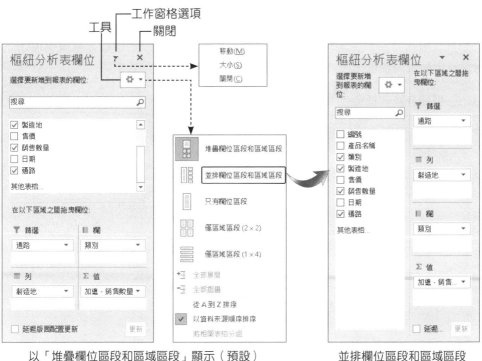

以「堆疊欄位區段和區域區段」顯示（預設）　　　　並排欄位區段和區域區段

只有欄位區段　　　　僅區域區段（2×2）　　　　僅區域區段（1×4）

12-2-2 增刪樞紐分析表欄位

想要在樞紐分析表中增刪欄位是件相當容易的事，只要在 **樞紐分析表欄位** 工作窗格中使用滑鼠拖曳的方式，即可以隨心所欲的增刪欄位。

STEP**1** 在 **樞紐分析表欄位** 工作窗格中，選取您所要的欄位名稱，例如：**通路**。

STEP**2** 將其拖曳到所要的位置，即可在對應的區域新增欄位，例如：將 **通路** 加入到 **列**。

STEP**3** 在要調整順序的欄位名稱上按一下滑鼠左鍵，執行 **上移**（或 **下移**）指令，調整其上下層級。

「列」的位置已新增了「通路」欄位

調整順序之後的結果

STEP**4** 在要改變放置區域的欄位名稱上按一下滑鼠左鍵，執行 **移到欄標籤** 指令，調整其放置區域。

接下頁 ➡

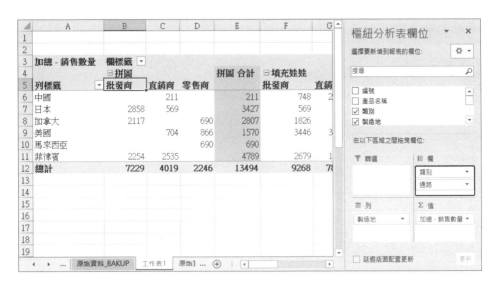

STEP5 點選要移除的欄位名稱，按一下滑鼠左鍵，點選 **移除欄位** 指令，可將樞紐分析表中的欄位移除。

12-2-3 更新資料

如果樞紐分析表的來源（原始）資料變更時，希望所建立的樞紐分析表內容亦隨之變更，可以使用下列方法進行更新樞紐分析表資料的工作。

- 直接執行 **樞紐分析表工具 > 分析 > 資料 > 重新整理** 指令，即可更新資料。

- 設定開啟檔案時自動更新。執行 **樞紐分析表工具 > 分析 > 樞紐分析表 > 選項** 指令，在 **樞紐分析表選項** 對話方塊 **資料** 標籤中，勾選 ☑**檔案開啟時自動更新** 核取方塊。

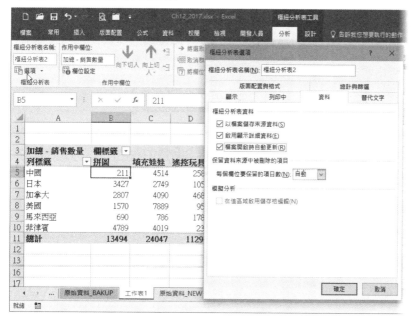

12-3 認識「樞紐分析表選項」對話方塊

如果要進一步設定樞紐分析表的相關項目，請在建立樞紐分析表之後，執行 **樞紐分析表工具 > 分析 > 樞紐分析表 > 選項** 指令，即能在 **樞紐分析表選項** 對話方塊中，進一步檢視與設定分析表選項，並視需要修改之。

版面配置與格式

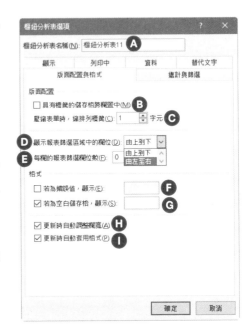

A **名稱** 會顯示樞紐分析表名稱。若要變更名稱，請按一下方塊中的文字並編輯名稱。

B ☑ **具有標籤的儲存格跨欄置中** 核取方塊，可合併外部列及欄項目的儲存格，及垂直置中。

C 若要在樞紐分析表為壓縮格式時縮排列標籤區域中的列，請選取 0 到 127 的縮排層級。

D 在區域中新增欄位時，選取 **由上到下**，則先由上到下顯示；選取 **由左至右**，則由左至右顯示。

E 輸入每欄的報表篩選欄位數。

F ☑ **若為錯誤值，顯示** 核取方塊，輸入想要取代錯誤訊息的文字。

G ☑ **若為空白儲存格，顯示** 核取方塊，輸入想要取代空白儲存格的文字。

H ☑ **更新時自動調整欄寬** 核取方塊，將樞紐分析表欄自動調整成最寬文字或數值的大小。

I ☑ **更新時自動套用格式** 核取方塊，儲存樞紐分析表版面配置及格式，以便更新時套用。

總計與篩選

A ☑ **顯示列的總計** 核取方塊，顯示最後一欄旁邊的 [**總計**] 欄。

B ☑ **顯示欄的總計** 核取方塊，選取或清除此核取方塊，可以顯示或隱藏樞紐分析表底端的 [**總計**] 列。

C ☑ **篩選的頁面項目小計** 核取方塊，在 **小計** 中包括報表篩選的項目。

D ☑ **允許每個欄位有多個篩選** 核取方塊，計算 **小計** 及 **總計** 時包括所有的值。

E ☑ **排序時，使用自訂清單** 核取方塊，在排序時啟用自訂清單。

顯示

A ☑ **顯示展開 / 摺疊按鈕** 核取方塊，顯示用於展開或摺疊的加號或減號按鈕。

B ☑ **顯示關聯式工具提示** 核取方塊，顯示用來顯示欄位或資料值的工具提示。

C ☑ **在工具提示顯示內容** 核取方塊，顯示或隱藏用來顯示內容資訊的工具提示。

D ☑ **顯示欄位標題和篩選下拉式清單** 核取方塊，顯示 / 隱藏樞紐分析表標題和標籤上的篩選下拉式箭號。

E ☑ **古典樞紐分析表版面配置** 核取方塊，啟用拖曳方式建立樞紐分析表。

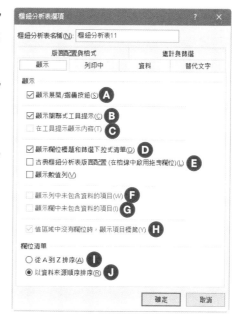

F ☑ **顯示列中未包含資料的項目** 核取方塊，顯示或隱藏沒有值的列項目。

G ☑ **顯示欄中未包含資料的項目** 核取方塊，顯示或隱藏沒有值的欄項目。

H ☑ **值區域中沒有欄位時，顯示項目標籤** 核對方塊，在值區域中沒有欄位時，顯示標籤。

I ⊙ **從 A 到 Z 排序** 選項，依遞增字母排序欄位清單中的欄位。

J ⊙ **以資料來源順序排序** 選項，依外部資料來源排序欄位清單中的欄位。

列印中

Ⓐ ☑顯示於樞紐分析表時，**列印展開 / 摺疊按鈕** 核對方塊，在列印樞紐分析表時顯示或隱藏展開及摺疊按鈕。

Ⓑ ☑**重複列標籤於每個列印頁** 核取方塊，在所列印的每一頁上重複列印標籤。

Ⓒ ☑**設定列印標題** 核取方塊，啟用在每一頁重複列印頁面上的標題。

資料

Ⓐ ☑**以檔案儲存來源資料** 核取方塊，在活頁簿中儲存來自外部資料來源的資料。

Ⓑ ☑**啟用展開至詳細資料** 核取方塊，顯示資料來源的詳細資料，然後在新工作表上顯示該資料。

Ⓒ ☑**檔案開啟時自動更新** 核取方塊，在開啟含有樞紐分析表的活頁簿時重新整理資料。

Ⓓ **每個欄位要保留的項目數，自動** 每個欄位預設的唯一項目數；**無** 每個欄位無唯一項目；**最大值** 每個欄位的最大唯一項目數，最多可以指定 1,048,576 個項目。

Ⓔ ☑**在值區域啟用儲存格編輯** 核取方塊，使用模擬分析時，可以啟用儲存格編輯來變更數值。

替代文字

　　替代文字是網頁瀏覽器在下載圖像時所顯示的文字，適用於關閉圖形顯示的使用者，以及依賴螢幕助讀軟體使螢幕上的圖形轉換為有聲文字的使用者。

A 可在 **標題** 方塊中輸入簡短的摘要。

B 在 **描述** 方塊中，輸入圖案、圖片、圖表、表格、樞紐分析表、SMARTART 圖形或其他物件的描述。

12-4 樞紐分析表的排序、篩選與群組

樞紐分析表 建立完成後,可以視需要執行各類分析,例如:設定群組欄位、排序或篩選資料、展開或摺疊明細資料…等。透過這些設定,能夠讓決策者迅速取得分析資料,提高決策的正確性,不會陷入數字的迷思之中。

12-4-1 排序樞紐分析表

在樞紐分析表中可以依據數值或標題執行排序。如果已熟悉排序的相關規則,請執行 **資料 > 排序與篩選** 功能區中的 **最低至最高** 或 **最高至最低** 指令進行資料排序,或參考下列說明操作。

STEP**1** 選取欲排序的 **列標籤**(或 **欄標籤**),按下其右側的 **篩選控制項** ⏷,執行 **更多排序選項** 指令。

STEP**2** 出現 **排序** 對話方塊，點選 ⊙**遞增 (A 到 Z) 方式** 選項，按【更多選項】鈕。

STEP**3** 出現 **更多排序選項** 對話方塊，取消勾選 ☐**每一次更新報表時自動排序** 核取方塊；在 **自訂排序選項** 清單中，選擇所要項目，按【確定】鈕。

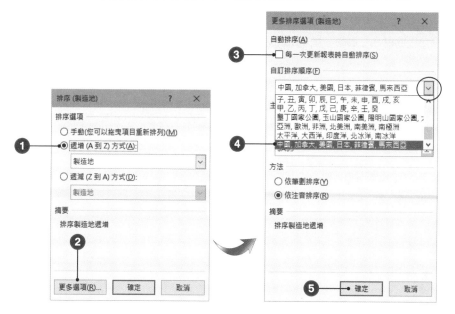

STEP**4** 回到 **排序** 對話方塊，按【確定】鈕，完成排序工作。

排序之後的結果

STEP**5** 如果需要單列調整，可以選到所要的欄位內容（儲存格），然後用滑鼠拖曳的方式調整位置。

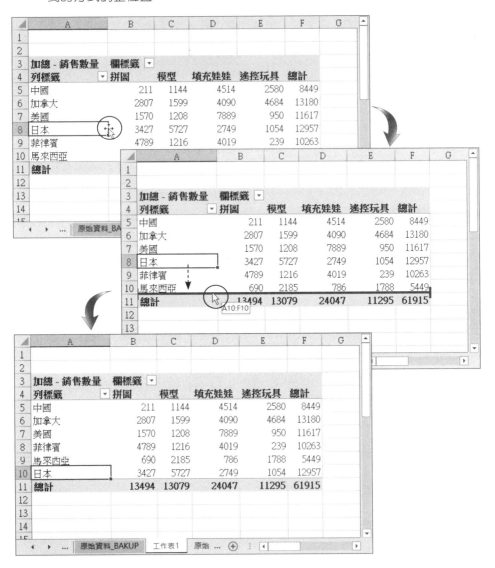

> **說明**
>
> 執行步驟 3 之前，可以選擇依自訂的文字序列排序，但有個先決條件，必須先自訂文字序列。

12-4-2 篩選樞紐分析表

樞紐分析表建立之後，在 **篩選**、**列標籤**、**欄標籤** 旁都會顯示 **篩選控制項** ▾，點選它可以篩選要顯示在樞紐分析表中的資料。

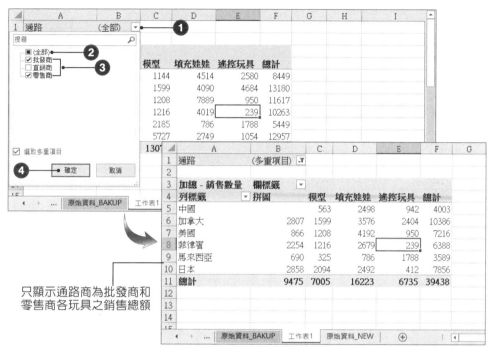

只顯示通路商為批發商和
零售商各玩具之銷售總額

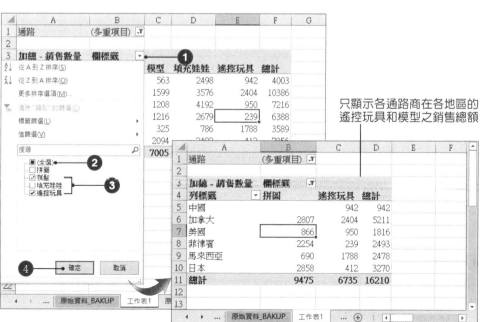

只顯示各通路商在各地區的
遙控玩具和模型之銷售總額

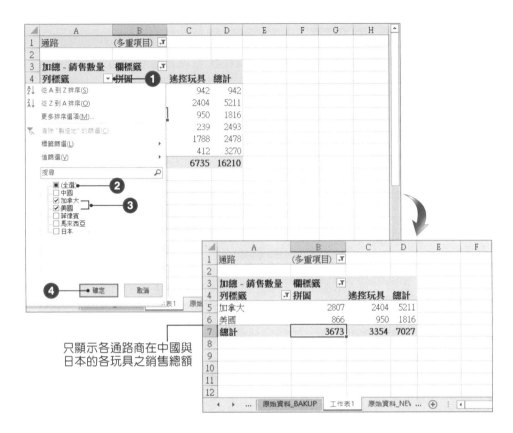

只顯示各通路商在中國與
日本的各玩具之銷售總額

12-4-3 組成群組資料

　　若希望將分析出來的資料，依據不同的性質（例如：地區）分類，並將相同
性質的資料群組起來，如此可讓整個樞紐分析表所顯示的訊息，更有條理、更易
閱讀。

範例　組成文字群組

STEP**1**　選取要組成群組的資料儲存格範圍，按滑鼠右鍵，執行 **組成群組** 指令。

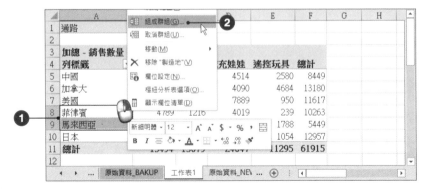

STEP**2** 參考步驟 1，視需要依序設定其他群組。完成群組設定之後，預設名稱為 **資料組 1**、**資料組 2**、…等。

4	列標籤	拼圖	模型	填充娃娃	遙控玩具	總計
5	⊟資料組2					
6	中國	211	1144	4514	2580	8449
7	日本	3427	5727	2749	1054	12957
8	資料組2 合計	3638	6871	7263	3634	21406
9	⊟資料組3					
10	加拿大	2807	1599	4090	4684	13180
11	美國	1570	1208	7889	950	11617
12	資料組3 合計	4377	2807	11979	5634	24797
13	⊟資料組1					
14	菲律賓	4789	1216	4019	239	10263
15	馬來西亞	690	2185	786	1788	5449
16	資料組1 合計	5479	3401	4805	2027	15712
17	總計	13494	13079	24047	11295	61915
18						

原始資料_BACKUP　工作表1　原始資料_NEW …

STEP**3** 點選要重新命名的群組儲存格，可以在 **資料編輯列** 中修改群組名稱。

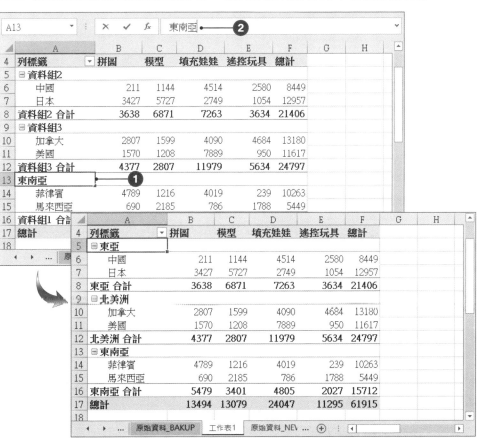

如果樞紐分析表的來源資料中，其所要分析的欄位為日期格式，則在執行群組作業時，會自動出現 **年、季、月** 與 **起始和終止日期** 的群組。

範例 以年、季、月群組分析資料

STEP**1** 選取日期格式欄位的儲存格，按一下滑鼠右鍵，點選 **組成群組** 指令。

STEP**2** 出現 **群組** 對話方塊，視需要設定 **開始點** 與 **結束點**；選取 **間距值**（可同時點選多個），例如：月、季、年，按【確定】鈕。

以季分組
以年分組
以月分組

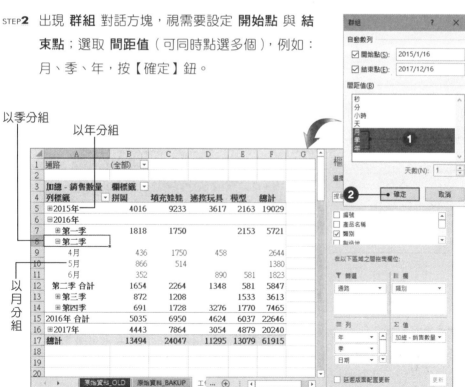

在樞紐分析表中，可視需要展開各群組的詳細資料，相對的也可以摺疊各欄位的詳細資料。

範例　展開 / 摺疊與篩選資料

STEP**1** 選取欲顯示明細資料的欄位標題儲存格，按一下滑鼠右鍵，執行 **展開 / 摺疊 > 展開** 指令。

點選這裡也可以展開 / 摺疊詳細資料

展開詳細資料

STEP2 選取群組中最低層級的儲存格，例如：10 月，快按二下滑鼠左鍵。

STEP3 出現 **顯示詳細資料** 對話方塊，點選所要顯示明細資料的欄位名稱，例如：
產品名稱，按【確定】鈕。

顯示詳細資料　　　　　　　　　　　列標籤自動加入「產品名稱」欄位

STEP4 若需要在日期欄位中篩選資料，則可按 **列標籤** 右側的 **篩選控制項** ⏷，在
清單中點選要執行的篩選指令，例如：**值篩選 > 前 10 項**。

STEP**5** 出現 **前 10 項篩選 (日期)** 對話方塊，視需要完成設定，按【確定】鈕。

說明

● 如果群組資料之後，在 **列標籤** 的資料儲存格中沒有顯示 **+** 或 **−** 鈕，請執行 **樞紐分析表工具 > 分析 > 顯示 > +/- 按鈕** 指令。

接下頁 ➡

● 設定資料群組或摺疊、展開欄位資料的操作，也可以使用功能區指令。

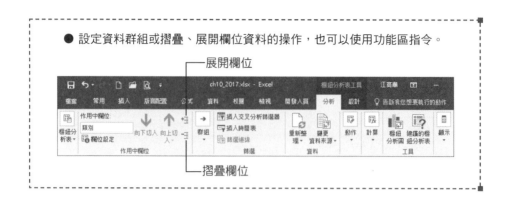

12-4-4 變更欄位設定

　　樞紐分析表所產生欄位的結果都是 **加總值**，若您想獲得的是每個欄位的 **平均值**，應如何做呢？

範例　變更欄位設定

STEP1 將滑鼠游標移至樞紐分析表的資料內容，例如：B5 儲存格；按一下滑鼠右鍵，執行 **值欄位設定** 指令。

STEP2 出現 **值欄位設定** 對話方塊，在 **摘要值方式** 標籤中點選 **平均值** 計算型態項目，按【數值格式】鈕。

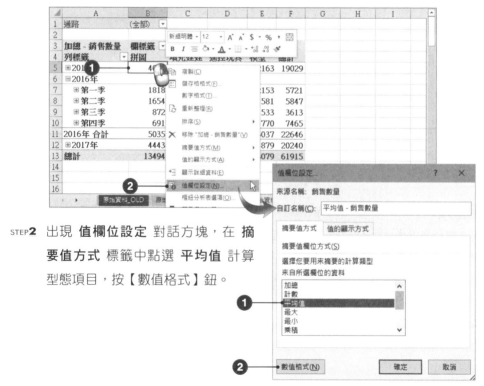

STEP**3** 出現 **儲存格格式** 對話方塊，執行數值格式的設定，完成之後按【確定】鈕。

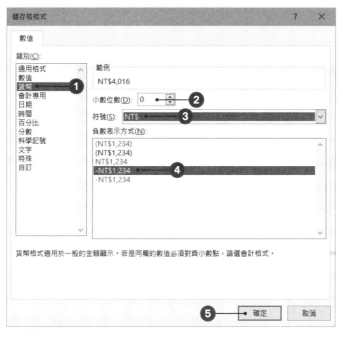

STEP**4** 回到 **值欄位設定** 對話方塊，按【確定】鈕。

	A	B	C	D	E	F	G	H	I
1	通路	(全部)							
2									
3	平均值 - 銷售數量	欄標籤							
4	列標籤	拼圖	填充娃娃	遙控玩具	模型	總計			
5	⊞2015年	NT$669	NT$769	NT$603	NT$721	NT$705			
6	⊟2016年								
7	⊞第一季	NT$606	NT$875		NT$2,153	NT$954			
8	⊞第二季	NT$414	NT$566	NT$674	NT$581	NT$532			
9	⊞第三季	NT$436	NT$1,208		NT$767	NT$723			
10	⊞第四季	NT$691	NT$576	NT$1,638	NT$354	NT$679			
11	2016年 合計	NT$504	NT$695	NT$1,156	NT$671	NT$686			
12	⊞2017年	NT$635	NT$1,123	NT$436	NT$697	NT$723			
13	總計	NT$587	NT$829	NT$664	NT$688	NT$704			
14									
15									
16									

原始資料_OLD　原始資料_BAKUP　工作表1　原始資料_NEW ...　⊕

顯示平均值並套用指定的儲存格格式

STEP**5** 您可以視需要在 **樞紐分析表工具 > 設計 > 樞紐分析表樣式** 功能區群組中，點選想要套用的樣式，執行自動格式設定，讓 **樞紐分析表** 的外觀看起來更舒適。

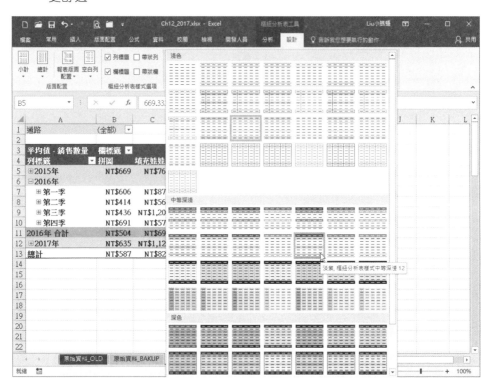

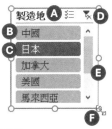

12-5 交叉分析篩選器

從 Excel 2010 版本開始已新增 **交叉分析篩選器** 作為篩選樞紐分析表資料的新方法,它能以互動且直覺的方式篩選資料,並在篩選資料後清楚地指出表格所顯示的確切內容。

A **交叉分析篩選器標題**:會指出交叉分析篩選器中的項目類別。

B **未選取的篩選鈕**:表示項目未包含在篩選中。

C **選取的篩選鈕**:表示項目包含在篩選中。

D **清除篩選** 🗑 鈕:會經由選取交叉分析篩選器中的所有項目來移除篩選。

E **捲軸**:如果交叉分析篩選器中目前未能顯示所有項目,則可利用捲軸捲動可見的項目。

F **外框移動與大小調整控制項**:可以提供使用者變更交叉分析篩選器的大小與位置。

12-5-1 建立交叉分析篩選器

我們可以在現有的樞紐分析表中建立 **交叉分析篩選器**,還可以設定 **交叉分析篩選器** 的格式。

STEP**1** 請參照前面操作說明,建立一個樞紐分析表;執行 **樞紐分析表工具 > 分析 > 篩選 > 插入交叉分析篩選器** 指令。

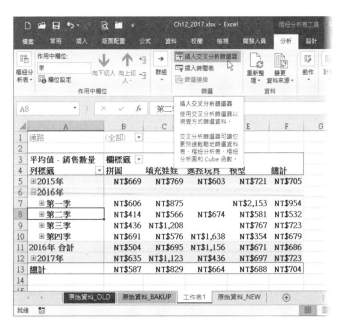

STEP**2** 出現 **插入交叉分析篩選器** 對話方塊，勾選所想要篩選的項目，例如：☑ **製造地** 及 ☑ **年**，按【確定】鈕。

STEP**3** 在工作表中即會出現 **製造地** 及 **年** 的交叉分析篩選器。

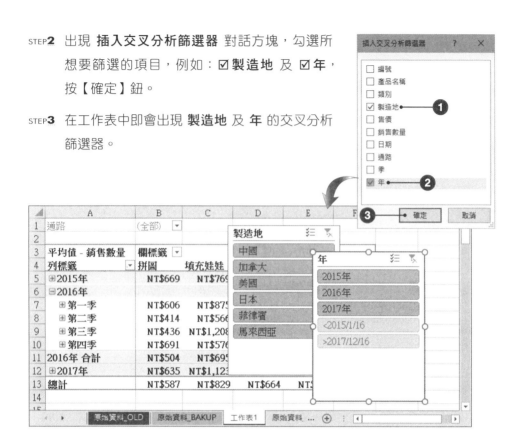

STEP**4** 點選交叉分析篩選器上想要篩選資料的按鈕，例如：2016 年、加拿大；樞紐分析表中即會顯示 2016 年在加拿大製造的玩具銷售資料。

STEP**5** 若想要重新選擇篩選資料，請點選 **交叉分析篩選器** 上的 **清除篩選** 鈕。

如果想要變更 **交叉分析篩選器** 樣式，請先點選後在 **交叉分析篩選器工具 >
選項 > 交叉分析篩選器樣式** 功能區群組中選擇想要套用的樣式。

已套用指定的交叉分析篩選器樣式

12-5-2 共用交叉分析篩選器

交叉分析篩選器 也可以連線至其他的樞紐分析表，藉此和該樞紐分析表共用
交叉分析篩選器；也可以經由連線至其他「手動建立」的樞紐分析表，來插入該
樞紐分析表的 **交叉分析篩選器**。

	A	B	C	D	E	F	G
2							
3	加總 - 銷售數量	欄標籤					
4	列標籤	拼圖	填充娃娃	遙控玩具	模型	總計	
5	⊟東亞						
6	中國	211	4514	2580	1144	8449	
7	日本	3427	2749	1054	5727	12957	
8	東亞 合計	3638	7263	3634	6871	21406	
9	⊟北美洲						
10	加拿大	2807	4090	4684	1599	13180	
11	美國	1570	7889	950	1208	11617	
12	北美洲 合計	4377	11979	5634	2807	24797	
13	⊟東南亞						
14	菲律賓	4789	4019	239	1216	10263	
15	馬來西亞	690	786	1788	2185	5449	
16	東南亞 合計	5479	4805	2027	3401	15712	
17	總計	13494	24047	11295	13079	61915	
18							

「共用」工作表
中的樞紐分析表

原始資料_BACKUP　交叉分析篩選器　原始資料_NEW　共用

STEP**1** 在「交叉分析篩選器」工作表中，點選要在其他樞紐分析表中共用的交叉
分析篩選器，執行 **交叉分析篩選器工具 > 選項 > 交叉分析篩選器 > 報表
連線** 指令。

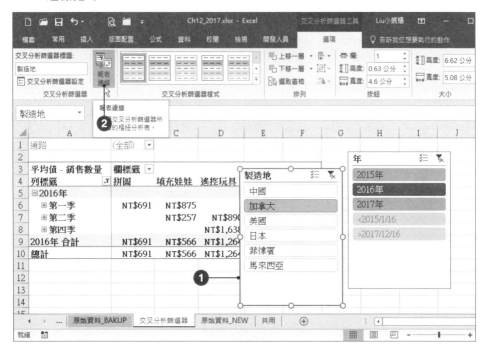

STEP**2** 出現 **報表連線** 對話方塊，勾選要讓交叉分析篩選器可在其中使用的 **工作
表**，例如：「共用」，按【確定】鈕。

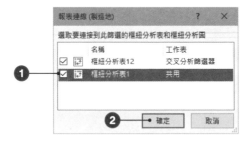

STEP**3** 點選想要篩選的年度與製造地，例如：2016 年、美國、加拿大；，在
「交叉分析篩選器」工作表會立即顯示篩選後的資料；切換到「共用」工
作表，會發現資料也自動以 2016 年、美國、加拿大為依據篩選出資料。

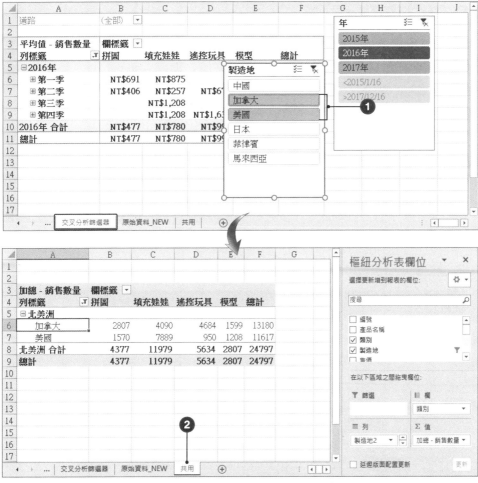

執行交叉分析篩選後的「共用」工作表

STEP**4** 如果要取消共用交叉分析篩選器，請執行 **交叉分析篩選器工具 > 選項 > 交叉分析篩選器 > 報表連線** 指令；在 **報表連線** 對話方塊，取消勾選剛才所選擇的核取方塊，按【確定】鈕，即取消共用交叉分析篩選器。

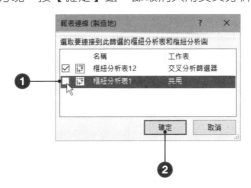

12-6 使用樞紐分析圖

　　報表的輸出方式有很多種，而統計圖表是最容易讓人接受的方式。Excel 將 **樞紐分析表** 與 **樞紐分析圖** 充分結合，可以快速地將 **樞紐分析表** 以統計圖表方式顯示，而且使用者還可以視需要直接使用滑鼠拖曳的方式，變更計算分析欄位，得到不同顯示結果。

12-6-1 手動建立樞紐分析圖

　　樞紐分析圖 提供動態檢視的功能，讓使用者在建立樞紐分析圖的同時，隨時與 **樞紐分析表** 的資料連結進行同步更新，藉以保持資料的一致性與完整性。

STEP**1**　開啟一份已編輯完成的工作表，將儲存格游標移到表格中的任意位置；若已建立樞紐分析表，請執行 **插入 > 圖表 > 樞紐分析圖 > 紐分析圖** 指令。

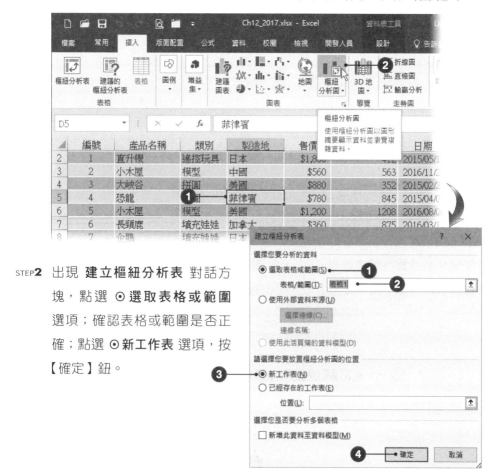

STEP**2**　出現 **建立樞紐分析表** 對話方塊，點選 ⊙ **選取表格或範圍** 選項；確認表格或範圍是否正確；點選 ⊙ **新工作表** 選項，按【確定】鈕。

STEP**3** 回到 Excel 工作表中，畫面上會顯示 **樞紐分析圖欄位** 工作窗格，及樞紐分析表、分析圖的位置。

STEP**4** 在 **樞紐分析圖欄位** 工作窗格中，將 **製造地** 欄位，拖曳到 **列** 的位置；將 **類別** 欄位，拖曳到 **欄** 的位置；將 **銷售數量** 欄位，拖曳到 **Σ 值** 的位置；將 **通路** 欄位，拖曳到 **篩選** 的位置。

STEP**5** 新工作表中即會同時顯示 **樞紐分析圖** 與 **樞紐分析表**。

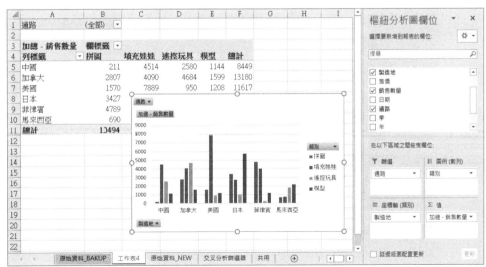

12-6-2 直接將樞紐分析表轉成樞紐分析圖

如果已建立了 **樞紐分析表**，要如何以最快的速度產生 **樞紐分析圖** 呢？

STEP**1** 開啟先前所建立的 **樞紐分析表**，將滑鼠游標移到表中的任意儲存格，執行 **樞紐分析表工具 > 分析 > 工具 > 樞紐分析圖** 指令。

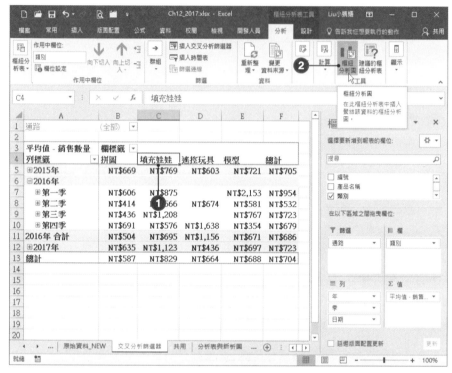

STEP**2** 出現 **插入圖表** 對話方塊，選擇所要繪製的圖表類型，按【確定】鈕。

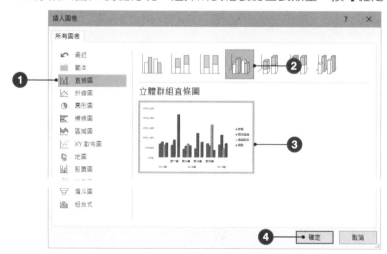

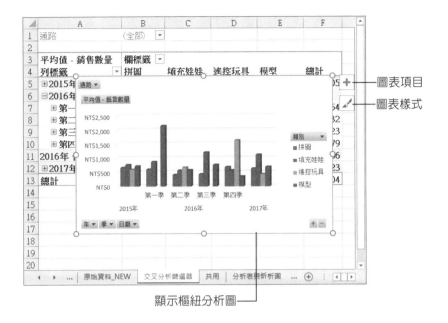

圖表項目
圖表樣式

顯示樞紐分析圖

12-6-3 移動樞紐分析圖

為了方便閱讀，視需要可以將 **樞紐分析圖** 移動到其他（新）工作表。

STEP**1** 點選要搬移的樞紐分析圖，執行 **樞紐分析圖工具 > 分析 > 動作 > 移動圖表**
指令。

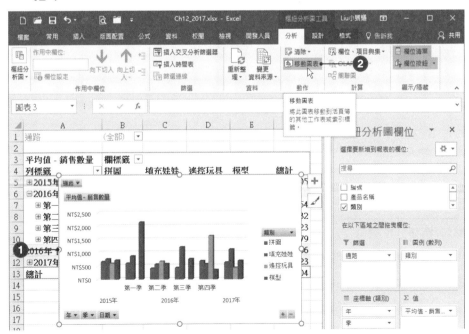

STEP**2** 出現 **移動圖表** 對話方塊，點選 ⊙**新工作表** 選項，輸入工作表名稱，按
【確定】鈕。

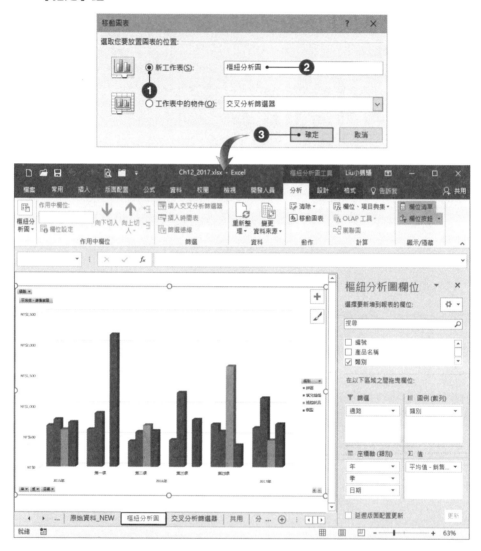

12-6-4 編輯樞紐分析圖

　　編輯 **樞紐分析圖** 的方法和 **樞紐分析表** 類似，同樣可以透過圖表上的 **篩選
控制項** ⊡ 中的指令執行資料排序與篩選；若要增 / 刪欄位，則是透過 **樞紐分析
圖欄位** 工作窗格。

STEP**1** 點選已建立的樞紐分析圖，在 **樞紐分析圖欄位** 工作窗格中拖曳調整欄位。

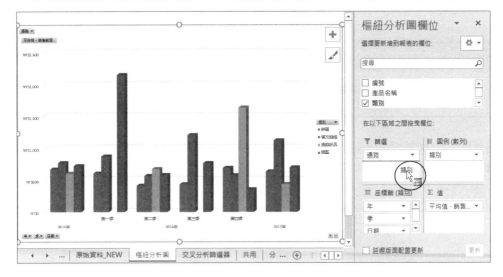

STEP**2** 點選 **季** 座標軸欄的 **篩選控制項** ⏷，進行資料篩選。

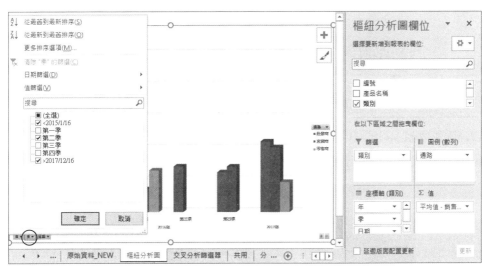

樞紐分析表及分析圖

STEP**3** 在 **樞紐分圖工具 > 設計 > 圖表樣式** 功能區群組中，選擇所要變更的圖表樣式。

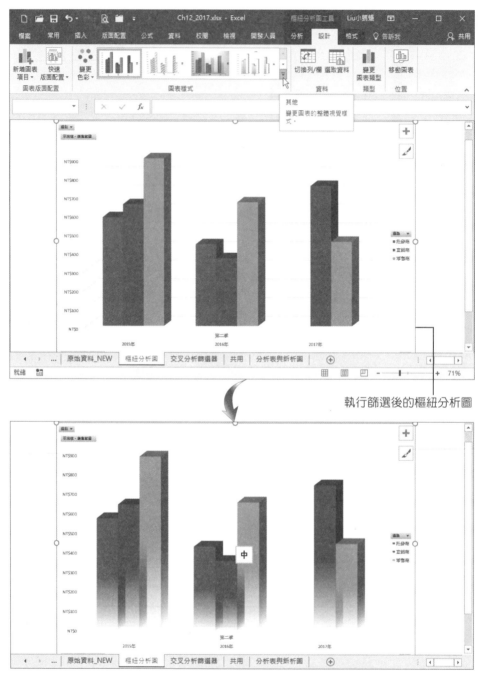

執行篩選後的樞紐分析圖

已套用指定的圖表樣式

STEP**4** 點選 **樞紐分析圖** 中的類別座標軸，執行 **樞紐分析圖工具 > 分析 > 作用中欄位 > 展開欄位** 指令。

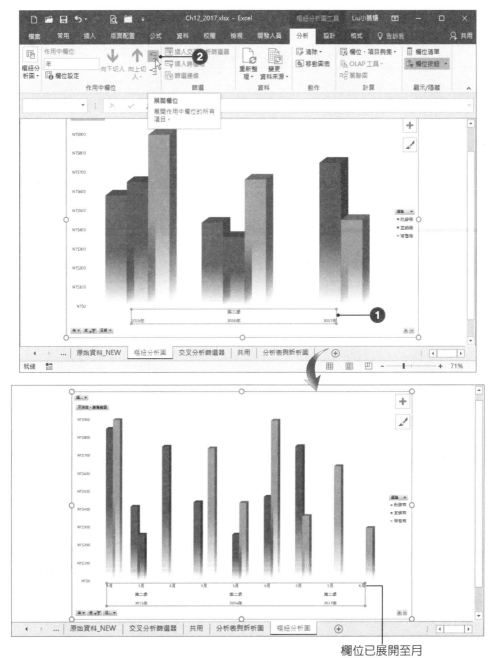

欄位已展開至月

STEP**5** 若要變更 **圖例欄位**，請在 **樞紐分析圖欄位** 工作窗格中執行，例如：將「類別」改為「製造地」。

跟我學 Excel 公式與函數商務應用 (適用 2016/2013)

作　　者：志凌資訊 江高舉 / 劉緻儀
企劃編輯：江佳慧
文字編輯：江雅鈴
設計裝幀：張寶莉
發 行 人：廖文良

發 行 所：碁峰資訊股份有限公司
地　　址：台北市南港區三重路 66 號 7 樓之 6
電　　話：(02)2788-2408
傳　　真：(02)8192-4433
網　　站：www.gotop.com.tw
書　　號：ACI030500
版　　次：2017 年 05 月初版
建議售價：NT$380

國家圖書館出版品預行編目資料

跟我學 Excel 公式與函數商務應用(適用 2016/2013) / 江高舉, 劉
緻儀著. -- 初版. -- 臺北市：碁峰資訊, 2017.05
　　面；　　公分
　ISBN 978-986-476-397-9(平裝)
　1. EXCEL (電腦程式)
312.49E9　　　　　　　　　　　　　　　106005841

讀者服務

● 感謝您購買碁峰圖書，如果您
　對本書的內容或表達上有不清
　楚的地方或其他建議，請至碁
　峰網站：「聯絡我們」\「圖書問
　題」留下您所購買之書籍及問
　題。(請註明購買書籍之書號及
　書名，以及問題頁數，以便能
　儘快為您處理)
　http://www.gotop.com.tw

● 售後服務僅限書籍本身內容，
　若是軟、硬體問題，請您直接
　與軟體廠商聯絡。

● 若於購買書籍後發現有破損、
　缺頁、裝訂錯誤之問題，請直
　接將書寄回更換，並註明您的
　姓名、連絡電話及地址，將有
　專人與您連絡補寄商品。

● 歡迎至碁峰購物網
　http://shopping.gotop.com.tw
　選購所需產品。